"十三五"国家重点图书出版规划项目

画说棚室苦瓜绿色生产技术

中国农业科学院组织编写

薛彦斌　杨　洁　编著

中国农业科学技术出版社

图书在版编目（CIP）数据

画说棚室苦瓜绿色生产技术 / 薛彦斌，杨洁编著 . — 北京：中国农业科学技术出版社，2019.1

ISBN 978-7-5116-3726-0

Ⅰ . ①画… Ⅱ . ①薛… ②杨… Ⅲ . ①苦瓜—温室栽培—图解 Ⅳ . ① S626.5-64

中国版本图书馆 CIP 数据核字 (2018) 第 111082 号

责任编辑 闫庆健 陶 莲
责任校对 李向荣

出 版 者 中国农业科学技术出版社
北京市中关村南大街 12 号 邮编：100081
电 话 （010）82109708（编辑室）（010）82109702（发行部）
（010）82109709（读者服务部）
传 真 （010）82106650
网 址 http://www.castp.cn
经 销 者 各地新华书店
印 刷 者 北京富泰印刷有限责任公司
开 本 880mm × 1 230mm 1 /32
印 张 6.125
字 数 176 千字
版 次 2019 年 1 月第 1 版 2019 年 1 月第 1 次印刷
定 价 39.80 元

编委会

《画说『三农』书系》

《图说"三六一"古茶》

言

农业、农村和农民问题，是关系国计民生的根本性问题。农业强不强、农村美不美、农民富不富，决定着亿万农民的获得感和幸福感，决定着我国全面小康社会的成色和社会主义现代化的质量。必须立足国情、农情，切实增强责任感、使命感和紧迫感，竭尽全力，以更大的决心、更明确的目标、更有力的举措推动农业全面升级、农村全面进步、农民全面发展，谱写乡村振兴的新篇章。

中国农业科学院是国家综合性农业科研机构，担负着全国农业重大基础与应用基础研究、应用研究和高新技术研究的任务，致力于解决我国农业及农村经济发展中战略性、全局性、关键性、基础性重大科技问题。根据习总书记“三个面向”“两个一流”“一个整体跃升”的指示精神，中国农业科学院面向世界农业科技前沿、面向国家重大需求、面向现代农业建设主战场，组织实施“科技创新工程”，加快建设世界一流学科和一流科研院所，勇攀高峰，率先跨越；牵头组建国家农业科技创新联盟，联合各级农业科研院所、高校、企业和农业生产组织，共同推动我国农业

科技整体跃升，为乡村振兴提供强大的科技支撑。

组织编写《画说“三农”书系》，是中国农业科学院在新时代加快普及现代农业科技知识，帮助农民职业化发展的重要举措。我们在全国范围遴选优秀专家，组织编写农民朋友用得上、喜欢看的系列图书，图文并茂展示先进、实用的农业科技知识，希望能为农民朋友提升技能、发展产业、振兴乡村做出贡献。

中国农业科学院党组书记 张合成

2018 年 10 月 1 日

内容提要

《画说棚室苦瓜绿色生产技术》

本书结合中国蔬菜之乡寿光棚室苦瓜生产的实际，面向全国，以图文并茂的形式系统介绍了棚室苦瓜栽培的关键技术。内容包括苦瓜名称由来、苦瓜起源与传播、苦瓜栽培的生物学基础、苦瓜棚室的选址与建造、苦瓜品种选购与优良品种介绍、棚室苦瓜栽培管理技术、其中重点介绍了近年来最新棚室苦瓜的绿色防控集成技术、苦瓜主要病虫害的识别与防治、苦瓜采后处理、贮运等。尤其对苦瓜栽培管理的方法、常见病虫害的危害症状等配有大量图片，读者能够快速掌握棚室苦瓜栽培的技术关键。文字描述通俗简单、易于掌握；栽培管理技术来源于生产实践，实用性强；所用图片拍摄于田间大棚，针对性强，便于蔬菜种植户、家庭农场、农技推广人员、农村工作指导人员等学习掌握，农业院校相关专业师生也可阅读参考。

《画说棚室苦瓜绿色生产技术》受到了潍坊科技学院和“十三五”山东省高等学校重点实验室设施园艺实验室的项目支持，在此表示感谢！

目录

第一章 绪论

第一节 苦瓜名称由来

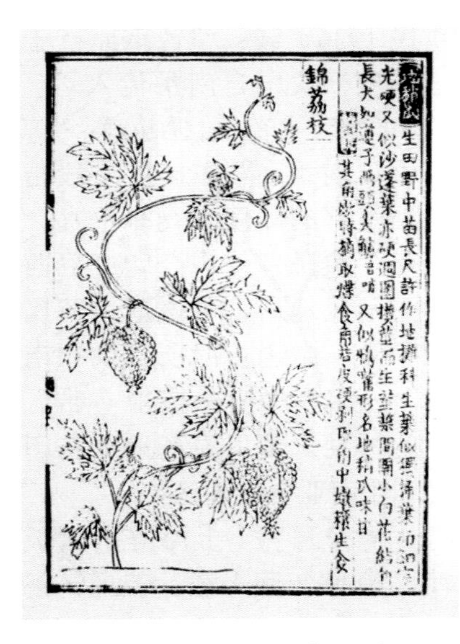

图 1-1-1 《救荒本草》中锦荔枝图

苦瓜，葫芦科苦瓜属中的栽培种，一年生攀缘性草本植物，其果实清脆味苦，别有风味，由于此瓜果肉中含有糖甙、奎宁等苦味物质，苦字当头，顾味定名。苦瓜具有特殊的苦味，但受到大众的喜爱，这不单纯因为它的口味特殊，还因为它具有一般蔬菜无法比拟的神奇作用。苦瓜虽苦，但却"不传已苦与他物"，从不会把苦味传给"别人"，如用苦瓜烧鱼，鱼块绝不沾苦味，所以，有人说苦瓜"有君子之德，有君子之功，有君子之韧"，有"君子菜"的雅称。苦瓜的中文学名为苦瓜，拉丁学名为 Momordica charantia Linn，别称为凉瓜、锦荔枝、癞葡萄、红姑娘、癞瓜、红羊、癞蛤蟆、君子菜、菩莛、金荔枝、红绫鞋、菩提瓜、天荔枝、黄金瓜、金癞瓜、赖荔枝、荔枝瓜、红娘、红泥等。

第二节 苦瓜起源与传播

图 1-2-1《本草纲目》

苦瓜原产亚洲热带地区，广泛分布于热带、亚热带和温带地区。印度和东南亚栽培历史悠久。《蔬菜园艺学》（吴耕民 1936）载：“苦瓜原产于东印度，我国自南番传入。”明李时珍《本草纲目》也载：“苦瓜原出南番。”东印度一般指亚洲南部的印度和马来群岛，而荷兰殖民者侵占今印度尼西亚为殖民地后，称该地为荷属东印度。中国古时所称的“南番”，多指今日东南亚一带。由此可见，苦瓜原产地应在印度和东南亚一带地区。

《辞海》（上海辞书出版社，2009 年版）载：苦瓜，俗称“锦荔枝”、“癞葡萄”，葫芦科。原产印度尼西亚，我国广东、广西壮族自治区（以下简称广西）等地栽培较多。

《中国农业百科全书 蔬菜卷》（农业出版社，1990 年版）载：苦瓜，别名凉瓜，古名锦荔枝、癞葡萄。嫩果中糖甙含量高，味苦。多食用嫩果。印度和东南亚人食用嫩梢和叶，印度尼西亚和菲律宾还取花食用。原产亚洲热带地区，广泛分布于热带、亚热带和温带地区。印度、日本和东南亚栽培历史悠久。

第二章　苦瓜栽培的生物学基础

第一节　苦瓜的植物学特征

图 2–1–1　苦瓜的根

一、根

苦瓜的根系比较发达，侧根很多，主要分布在 30~50 厘米的耕作层内，根群最深分布达 2.5~3.0 米，横向伸展最宽 1.0~1.3 米（图 2–1–1）。根系喜潮湿，在栽培上应注意加强水分管理，但根系又怕涝，所以，棚室栽培上还要注意避免长期大水漫灌。

图 2–1–2　苦瓜的茎

二、茎

植株生长较旺，茎蔓具 5 棱，浓绿色，叶片上着生茸毛，茎节上着生叶片、卷须、花芽、侧枝（图 2–1–2）。卷须单生。苦瓜的茎蔓生，分枝能力很强，几乎所有叶腋间都能发生侧枝而成为子蔓，在子蔓上的叶腋间又能发生第 2 次分枝而成为孙蔓。同样孙蔓上也能发生侧枝。所以，在栽培上必须及时进行整枝打杈，否则枝蔓横生，会严重影响到正常花的开花、

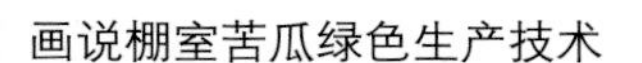

坐果及果实膨大。

三、叶

子叶出土，一般不进行光合作用。初生叶一对，对生，盾形，绿色。以后的真叶为互生，掌状深裂，绿色，叶背淡绿色，叶脉放射状，一般具 5 条叶脉，叶长 16~18 厘米，宽 18~24 厘米，叶柄长 9~10 厘米，黄绿色，柄有沟（图 2–1–3）。

图 2–1–3　苦瓜的叶

四、花

花为单性同株。植株一般先发生雄花，后发生雌花，单生。雄花花萼钟形，萼片 5 片，绿色；花瓣 5 片，黄色；具长花柄，长 10~14 厘米，横径 0.1~0.2 厘米柄上着生盾形苞叶，长 2.4~2.5 厘米，宽 2.5~3.5 厘米，绿色，雄蕊 3 枚，分离，具 5 个花药，各弯曲近 S 形，互相联合（图 2–1–4）。上午开花，以 8:00 – 9:00 为多。雌花具 5 瓣，黄色，子房下位，花柄长 8 ~14 厘米，横径 0.2~0.3 厘米，花柱上也有一苞叶，雌蕊柱头 5~6 裂。

图 2–1–4　苦瓜的花

五、果实

果实为浆果，表面有多数瘤状凸起，果实有纺

图 2–1–5　苦瓜的果实

锤形、短圆锥形、长圆锥形等。表皮有浓绿色、绿色与绿白色，成熟时黄色（图 2–1–5）。

六、种子

种子较大、为盾形、扁平，颜色有淡黄色、棕褐色和黑色，种皮较厚两端有锯齿，表面有花纹或雕纹，每果含种子 10~40 粒，以每果实 20~30 粒的品种居多，千粒重 140~270 克，以 150~220 克常见，但野生种的千粒重只有 50 克左右。多数苦瓜种子的大小为：长 12~16 毫米，宽 7.5~9 毫米，厚 3.5~4.5 毫米（图 2–1–6）。

图 2–1–6　苦瓜的种子（左：黄色种子　右：黑色种子）

第二节　苦瓜的生长发育周期

一、种子发芽期

从种子萌动至第一对真叶展开，需 5~10 天。

二、幼苗期

第一对真叶长出至第 5 个真叶展开，并开始抽出卷须，需

7~10 天，这时腋芽开始活动。

三、抽蔓期

植株现蕾为抽蔓期结束。苦瓜只有很短的抽蔓期，如环境条件适宜，在幼苗期结束前后现蕾，则没有抽蔓期。

四、开花结果期

植株现蕾至生长结束，一般为 50~70 天。其中现蕾至初花 15 天左右，初收至末收 25~45 天。

在苦瓜的生长发育中，自始至终茎蔓不断生长。抽蔓期以前生长缓慢，占整个茎蔓生长量的 0.5%~1%；绝大部分茎蔓在开花结果期形成。在茎蔓生长中，随着主蔓生长，各节自下而上发生侧蔓，侧蔓生长至一定程度，又可以发生副侧蔓。如任意生长，茎蔓生长比较繁茂。苦瓜的开花结果，一般植株在 4~6 节发生第一雄花；而在第 8~14 节发生第一雌花。发生第一雌花后，各个节都能发生雄花或雌花，一般间隔 3~6 节发生一个雌花，或连续发生两个或多个，然后相隔多节再发生雌花，但主蔓 50 节以前一般具有 6~7 个雌花者居多。主蔓上每个茎节基本上都可以发生侧蔓，而以基部和中部发生的较早较壮。侧蔓第一节就开始生花，多数侧蔓连续发生许多节雄花，才发生雌花，第一、第二节发生雌花的侧蔓为数很少，主蔓雌花的结果率有随着节位上升而降低的倾向。产量主要靠第 1 至第 4 个雌花结果。第 5 雌花以后的结果率很低。从调整植株的营养来看，摘除侧蔓，有利于集中养分提高主蔓的雌花坐果。

第三节　苦瓜对环境条件要求

一、温度

苦瓜喜温，较耐热，不耐寒。种子发芽适温为 30~35℃，苦瓜种皮虽厚，但容易吸收水分，在 40~45℃温水浸种 4~6 小时后，

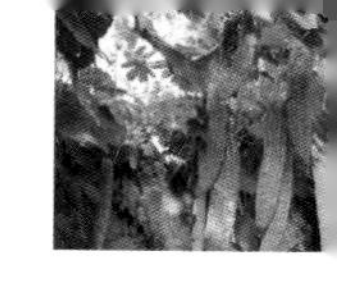

在 30℃左右条件下催芽，经过 48℃左右开始发芽，60 小时便大部分发芽。温度在 20℃以下发芽缓慢，13℃以下发芽困难。在 25℃左右，约 15 天便可育成具有 4~5 片真叶的幼苗，如在 15℃左右则需要 20~30 天。但温度稍低和长日照，发生第一雌雄花的节位可提早。开花、结果期适宜于 20℃以上，以 25℃左右为宜。在 15~25℃的范围内温度越高，越有利于苦瓜的生育，结果早，产量也高。在 30℃以上和 15℃以下的温度对苦瓜的生长、结果都不利。

二、光照

苦瓜原属短日性植物，喜光不耐阴，但经过长期的栽培和选择，已对光照长短的要求不太严格。在苦瓜的栽培过程中，光照充足则利于光合作用，有机养分积累得多，坐果良好，产量和品质提高。如果在花期遇上低温阴雨，光照不足，则植株徒长，会严重影响到正常的开花、受粉，而发生落花、落蕾现象。所以在保护地内栽培苦瓜时，要加强光照管理，为苦瓜的正常生长提供一个良好的光照条件。

三、水分

苦瓜喜欢潮湿但不耐雨涝。生长期间要求 70%~80%的空气相对湿度和土壤相对湿度。所以栽培上既要加强水分管理，又要避免长期大水漫灌造成涝害。

四、土壤营养

苦瓜对土壤的要求不太严格，适应性广。一般在肥沃疏松、保水保肥力强的壤土上生长良好，产量高，品质优。苦瓜对土壤肥力的要求较高，如果土壤中有机质充足，植株生长健壮，茎叶繁茂，开花结果多，产量高，品质优。如果在生长后期肥水不足，则植株容易发生早衰，叶色变浅，开花结果少，果实小，苦味增浓，品质下降。在结果盛期要加强追肥灌水，要求追施充足的氮、磷肥。

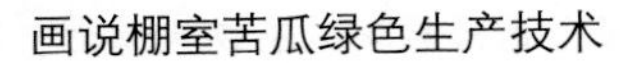

五、气体条件

土壤中氧的含量因土质、施肥（特别是有机肥数量）、含水量的多少而不同。浅层含氧多，所以大量根系分布在浅土层中。二氧化碳含量与氧相反，浅层比深层少。空气中二氧化碳含量为0.03%，远远满足不了苦瓜的光合作用的需要。露地栽培由于空气不断流动，二氧化碳可以源源不断补充到叶片周围。温室冬季生产，密闭时间较长，二氧化碳得不到补充，往往低于大气中的含量，影响光合作用。传统的做法是靠增施有机肥，微生物分解有机物产生二氧化碳，但是受有机肥数量的限制，以及覆盖地膜等措施的影响，很难满足要求，所以人工施用二氧化碳气肥就成了非常重要的增产措施。

第三章　苦瓜棚室的选址与建造

第一节　苦瓜棚室的选址、规划与设计

苦瓜冬暖式日光温室的设计与建造涉及众多门类的科学知识，是一项系统工程。要建好一座冬暖式日光温室，选址、规划与设计等前期工作尤为重要，这三关必须步步严谨，把握好了，温室的建造就成功了一多半。

一、选址

1. 较为适宜的地块

（1）远离污染源。土壤、水源、大气均达到农业标准化生产环境要求。

（2）土壤。土层深厚，无障碍层，肥力较高，壤土（黏砂适中），地下水源有保证，地下水位较低。

（3）地形地势。地形平坦，地势开阔，最好背风向阳，北高南低。

（4）交通便利，但要与交通主干道保持适当距离，一般应在100米以上，或者中间有高大树木等隔离物（图3–1–1）。

图3–1–1　山东省寿光市孙家集街道三甲村的苦瓜日光温室

2. 不适宜建温室的地块

周围有化工厂等污染源，或靠近交通主干道，会严重影响蔬菜的安全品质，不适宜建棚；周围有高大的楼房、树木等，会对冬暖式日光温室遮阴，也不适宜建棚；风口处不适宜建温室，在山区丘陵，或平原林带，有风力

明显偏高的地块，冬暖式日光温室建在风口上，既不利于保温，也易发自然灾害，造成损失；涝洼地，这类地块雨季易发生内涝，冬季棚内湿度很难降低，往往病害高发，成本提高，产量、品质下降。

3. 要尽量避开的地块

土壤瘠薄，或有障碍层，易漏水漏肥的地块，这类地块要建棚应配套应用有机无土栽培技术；地下水源不能保证的地块，因冬暖式日光温室冬季只能使用地下水，不能使用地表水；往年经常发生雹灾的地块；土壤过于黏重的地块。

二、规划

1. 棚型选择

根据经济能力选择，一般来说，砖墙造价高于土墙，无立柱造价高于有立柱。

根据地形地势选择，地势较高，土层深厚的地块尽量选择土墙，建半地下式温室，既节省成本又有利于冬季保温；北高南低的梯田斜坡可以顺坡就势，在北侧挖筑土墙，梯次建棚，既节约成本又高效利用土地；地下水位较高、或土层瘠薄有障碍层的地块只能选择砖墙，一定不能选择半地下式土墙温室，否则，雨季易发生内涝，甚至发生温室垮塌现象。有些块地下水位较高，不适合建半地下式土墙温室。

为节省利用土地，提高投资利用率，砖墙温室可以选择在温室的背面建后冷棚，或选择长后屋面温室。所谓后冷棚就是在冬暖式日光温室的后面，以后墙为支撑，往北顺势搭建一斜面拱棚，因冬季过于阴凉，不能种植任何蔬菜，只能在春夏秋发展生产而得名。后冷棚有四大优点：一是充分利用了原有闲置的土地，提高了土地利用率；二是保护了温室后墙，增加了冬季保温性能；三是投资省，以原有后墙做支撑，节省了一排立柱；四是增加了经济效益。长后屋面温室就是由通常投影宽 1 米的后屋面扩大到投影宽 2~2.5 米，既能增加温室的保温性，又在走道的北侧增加一畦叶菜。但后屋面的扩大应适度，在后屋面扩大的同时，建筑

成本也相应增加。

根据经营方式选择，集约化、规模化经营应选择双拱内保温冬暖式日光温室。单拱冬暖式日光温室是针对一家一户家庭经营小规模生产发明设计的，生产不计劳动成本，受风、雨、雪等外界气象因素影响太大，经常发生大风把保温被掀开、雨水把保温被淋湿等情况，下了大雪还要人工除雪等，既麻烦又危险。而双拱内保温温室很好地解决了上述问题，保温被放在里面，不受风雨雪的影响。

2. 跨度、长度

一般来说，砖墙温室的跨度要适当控制，一般以 10 米为宜，不应超过 12 米。跨度越大，温室的脊高越高，墙体的高度随之提高，对墙体、棚架强度和建筑工艺的要求也越高，会导致投资过高，投入产出比下降；棚体的承载力下降，发生灾害的风险提高。半地下式土墙温室因土墙建造成本较低，相比更加牢固，可以适当加大跨度，但不宜超过 15 米。长度应根据地块长度和卷帘机工作长度决定，一般 80~100 米，不应超过 120 米（图 3–1–2）。

图 3–1–2　山东省寿光市孙家集街道石门董村苦瓜日光温室

3. 间距

南北相邻温室的间距至少应为前栋温室最高点（包括保温被）到地面高度的 2.5 倍。间距过小，南边的温室会影响北边温室的采光。

4. 下挖深度

根据地下水位情况，一般下挖深度不宜超过 40 厘米。

三、设计

1. 承载力设计

做好温室的承载力设计是抵御自然灾害、保证使用寿命的最

起码要求。温室各部位的承载力必须大于可能承受的最大荷载量。荷载量的大小主要应依据当地 20 年一遇的最大风速、最大降雪量（或冬季降水量），以及覆盖材料的重量。温室的承载力设计主要应考虑以下两个方面。

（1）棚面骨架的承载力。主要包括四个方面：风力、降水降雪等气象因素产生的变量荷载，吊挂蔬菜所产生的变量荷载，骨架自身、卷帘机、保温被等的不变量荷载，后屋面产生的不变量荷载。综合考虑以上各方面因素，北方的冬暖式日光温室一般可按每平方米 100~120 千克设计。

（2）温室墙体的承载力。主要包括两个方面：一是自身、棚面骨架的承载、后屋面等产生的向下压力；二是棚面骨架荷载产生的横向拉力或推力。应综合考虑上述作用力，按 20 年一遇的最大量设计墙体的承载力。现在推广的半地下式土墙温室的墙体是用挖掘机逐步压实的，承载力足够，但在雨季应严防内涝发生，以防泡软地基。砖墙因成本较高，在实际建造应用中，因材料强度不够、厚度过小等各种原因经常出现承载力不够的现象，导致墙倒棚塌，使用寿命大大缩短。在尽量降低温室造价的同时为增加砖墙的承载力，可以每隔 2~3 米建一“T”形墙（俗称墙垛），在两侧山墙的最高点应增加 2~3 道“T”形墙。另外，建造后的冷棚可以抵消部分后墙的横向推力，增加墙体强度。

2. 保温性设计

温室的保温性和采光性设计直接关系到蔬菜的产量和品质的高低，直接影响的种植经济效益。温室的保温性能取决于墙体、后屋面、前屋面 3 部分的整体保温性能。

整体保温效果应达到：在最寒冷季节晴天时，室内外温度差最低不少于 20℃，连续阴天不超过 5 天时，室内外温差不小于 15℃。

一般来说，土墙的保温性好于砖墙，后屋面越长保温性越好，有后冷棚的好于没有后冷棚的，半地下的好于地上的，双拱好于单拱。

在实际生产中，温室保温性设计在 4 个方面容易出现问题，

一是墙体太薄，或有裂缝；二是后屋面的保温性没有得到充分重视，不少温室墙体和保温被的保温性能很好，而后屋面的保温性很差；三是进出口和放风口漏气；四是存在热桥，常见的是温室前脚的一道水泥矮墙。

3. 采光性设计

采光性好的冬暖式日光温室蔬菜产量高，病害少，反之，产量低，病害重。影响冬暖式日光温室采光性主要有三方面的因素。

（1）采光屋面角。采光屋面角的大小首要考虑增加采光量，同时应兼顾节省建造成本、适当增加温室跨度、提高设施利用率三方面主要因素。

（2）采光屋面形状。多采用圆面与抛物面复合型。

（3）建棚方位。一般坐北朝南，可根据地块朝向选择偏东或偏西，但偏向不应超过 5°。偏向过大不但影响温室的采光，还影响保温性能。

另外，半地下式即所谓下挖式土墙温室的南侧保留土层高度不应超过 0.8 米。

四、日光温室（冬暖大棚）建造技术规范

（一）术语与范围

近年随着棚室建造技术的提高，日光温室（冬暖大棚）建造术语也越来越规范化、统一化，譬如：后墙：是指平行于日光温室屋脊，位于北侧的墙体。山墙：垂直于日光温室屋脊的两侧墙体。脊高：日光温室最高点的高度。后屋面：后墙与屋脊之间的斜坡，又称后坡。前屋面：由屋脊至温室前沿的采光屋面，又称透明屋面。承载力：日光温室各部位的荷载能力。后跨：后屋面水平投影距离。前跨：前屋面水平投影距离。采光屋面参考角：由屋脊至温室前沿连线与水平面的夹角（锐角）。温室间距：前面温室后墙外沿至后面温室前沿的水平距离。温室方位和方位角：温室方位为坐北朝南，东西延长。方位角是温室延长方向的法线与正南方向的夹角。后屋面仰角：后屋面与水平面之间的夹角（锐角）。总荷载：静荷载、活荷载、自然荷载之和。静荷载：温室构件及固定结构

等永久性设施的重量。活荷载：温室使用时临时加上去的负荷，如覆盖材料的重量、作物吊蔓的重量等。自然荷载：由自然降雪、降雨、刮风等给温室增加的压力，通常称为风、雨、雪荷载等。风荷载：由水平方向吹来的风所产生的荷载。雨、雪荷载：温室平面部位因雨湿覆盖物和积雪增加的荷载。

长期以来，日光温室（冬暖大棚）的建造，主要依靠经验，国家和各省市制定的标准远远滞后于生产实践，山东省是全国蔬菜保护地面积最大的省份，曾制定相关标准和技术规范，规定了山东Ⅰ、Ⅱ、Ⅲ、Ⅳ、Ⅴ型日光温室（冬暖大棚）建造的结构参数依据、结构参数、选址与场地规划，日光温室墙体、后屋面、骨架、覆盖物及建造、安装的操作技术。由于我国幅员广阔，南北差距较大，山东制定的标准也仅仅适用于山东省（北纬34°25′~38°23′）及黄淮海同纬度地区。

（二）确定日光温室结构参数的依据

1. 日光温室的承载力

日光温室各部位的承载力必须大于可能承受的最大荷载量。荷载量的大小主要依据当地20年一遇的最大风速、最大降雪量（或冬季降水量），以及覆盖材料的重量。由于在日光温室建造时，墙体的承载力一般都大于其可能承受的荷载量。因此，墙体承载力可以不考虑，主要考虑骨架和后屋面的承载力。以济南地区为例，按其最大风速17.2米每秒，最大积雪厚度190毫米，干苫重4~5千克每平方米（雨雪淋湿加倍计算），再加上作物吊蔓荷载、薄膜荷载、人上温室局部荷载等，济南地区日光温室骨架结构的承载力标准，可按平均荷载每平方米0.7~ 0.8牛顿，局部荷载每平方米1.0~1.2牛顿设计，其他地区可据此适当调整。

2. 日光温室的保温性能

日光温室的保温性能取决于墙体、后屋面、前屋面三部分的保温性能。

整体保温效果应达到：在最寒冷季节晴天时，室内外最低温度相差20~25℃，连续阴天不超过5天时，室内外温差不小于

15℃。墙体具承重、隔热、蓄热功能，其热阻值 R 应达到 1.1 平方米℃ / 瓦特以上。若用砖砌墙，可为 24 厘米砖（外墙）+ 18 厘米珍珠岩（或 5 厘米苯板）+ 24 厘米或 12 厘米砖（内墙），总墙体厚度为 54~66 厘米；若用土或土坯砌墙，墙体厚度为 80~100 厘米。寿光型日光温室后墙横截面呈梯形，下宽 350~450 厘米，上宽 100~150 厘米。

后屋面具承重、隔热、蓄热、防雨雪功能，其热阻值应与墙体相近，应由蓄热材料、隔热材料、防漏材料组成，总体厚度 30~35 厘米。

前屋面（采光屋面），具采光和保温功能。前屋面散热面积大，须采用热阻值大、重量轻的覆盖材料，并便于管理。不透明覆盖物采用草苫时，重量应达 4~5 千克每平方米。采用保温被时，厚度应大于 3 厘米。

3. 日光温室采光屋面参考角与形状

日光温室经济实用的采光屋面（前屋面）参考角的确定，应在有利于增加采光量、节省建造成本、适当增加温室跨度、提高设施利用率的原则下加以确定。据试验和测算，山东日光温室采光屋面参考角以 23°~26° 为宜。纬度高、冬季温度低的地区，采光屋面参考角可大些；纬度低，冬季温度高的地区，采光屋面参考角可小些。采光屋面形状采用圆面与抛物面复合型，或拱圆形。

4. 日光温室结构参数

距离；前屋面角指的是日光温室立柱的顶端到棚前沿它们之间的连线与地平面之间的夹角；后屋面角的仰角指的是后屋面的延长线与地面之间的夹角（表 3-1-1）。

表 3-1-1　山东Ⅰ型、Ⅱ型、Ⅲ型、Ⅳ型、Ⅴ型日光温室结构参数

温室类型	脊高（厘米）	后跨（厘米）	前跨（厘米）	前屋面角（度）	后墙高（厘米）	后屋面角（度）
山东Ⅰ型	310~320	70~80	620~630	26.2~27.3	210~220	45
山东Ⅱ型	330~340	90~100	690~710	24.9~25.9	230~240	45
山东Ⅲ型	360~370	100~110	790~800	24.2~25.1	240~260	45~47
山东Ⅳ型	380~400	100~120	800~880	22.9~24.4	260~280	45~47
山东Ⅴ型	420~430	120~130	970~980	23.2 ~23.9	290~310	45~47

注：脊高为日光温室的高度；后跨为脊柱到后墙的距离；前跨为脊柱到前棚沿的水平

（三）日光温室选址与场地规划

1. 选址条件

土壤条件，要求土层深厚，地下水位低，富含有机质，适合种植蔬菜的土壤。周围无遮阴物；有较好的通风条件，但不要建在风口处；灌水、排水方便，具备田间电源。

2. 温室面积

日光温室长度以 60~80 米为宜，单位面积造价相对较低，室内热容量较大，温度变化平缓，便于操作管理。

3. 温室方位

日光温室方位坐北朝南，东西延长，其方位以正南向为佳；若因地形限制，采光屋面达不到正南向时，方位角偏东或偏西不宜超过 5°。

4. 前后温室间距

为防止前栋温室对后栋温室遮光，前后温室的间距应为前栋温室最高点高度的 2.5~3 倍。

（四）日光温室的建造

1. 墙体

（1）土墙。可采用板打墙、草泥垛墙、土坯砌墙。墙基部宽

100 厘米，向上逐渐收缩，至顶端宽 80 厘米。碾压切墙与推土机筑墙，墙体基部宽 350~450 厘米，顶部宽 100~150 厘米。打墙、垛墙、砌墙等方式多在墙内侧铲平抹灰，墙顶可用水泥预制板封严，以防漏雨坍墙。而切墙则可用塑料布护墙。

（2）空心砖墙

①墙基：为保证墙体坚固，需开沟砌墙基。墙基深度一般应距原地面 40~50 厘米，挖宽 100 厘米的沟。填入 10~15 厘米厚的掺有石灰的二合土，夯实。然后用石头（或砖）砌垒。当墙基砌到地面以上时，为了防止土壤水分沿墙体上返，需在墙基上铺两层油毡纸或 0.1 毫米厚的塑料薄膜。

②砌墙：用砖砌空心墙，内、外两侧墙体之间每隔 3 米砌砖垛，连接内外墙，也可用预制水泥板拉连，以使墙体坚固。砌空心墙时，要随砌墙，随往空心内填充隔热材料。墙体宽度因填充的隔热材料不同而异。两面砖墙内填干土的空心墙，墙体总厚度为 80 厘米，即内外侧均为 24 厘米的砖墙，中间填干土。若两面砖墙中间填充蛭石、珍珠岩等轻质隔热材料，墙体总厚度可为 55~60 厘米，即外侧墙 24 厘米墙，内侧墙砌 12 厘米墙，中间填蛭石或珍珠岩等。

山东Ⅲ型等内跨度 9 米以上的日光温室，北墙应设双层通风窗，即在距地面 20 厘米处，每 3 米埋设直径为 30 厘米的陶瓷管，为进风口；地面上高 150 厘米处，设 50 厘米 ×40 厘米的通风窗（又称热风出风口）。12 月至 2 月期间应关闭封严通风口。

2. 后屋面

有后排立柱的日光温室可先建后屋面，后上前屋面骨架。为保证后屋面坚固，后立柱、后横梁、檩条一般采用水泥预制件（或钢材）。后立柱埋深 40~50 厘米，须立于石头或水泥预制柱基上，上部向北倾斜 5~10 厘米，防止受力向南倾斜。后横梁置于后立柱顶端，东西延伸。檩条一端压在后横梁上，另一端压在后墙上。将后立柱、横梁、檩条固定牢固。然后可在檩条上东西方向拉 6~9 根 10~12 号的冷拔钢丝，两端锚于温室山墙外侧地中。其上铺 2 层苇箔，抹 4~5 厘米厚的草泥，再铺 20 厘米厚的玉米

秸捆，用麦秸填缝、找平，上盖一层塑料薄膜，再铺盖5厘米厚的水泥预制板，泥缝。为便于卷放草苫，可再距屋脊60厘米处，用水泥做一小平台。在拉铁丝后，也可先铺一层石棉瓦，上盖一层塑料薄膜，再铺5厘米厚的蛭石，上盖5厘米厚的苯板，之上加盖5厘米厚水泥预制板，外铺1 ∶ 3水泥砂浆炉渣灰抹斜坡，上坡下平，厚度5~15厘米，便于人工操作时走动。

3. 骨架

（1）水泥预件与竹木混合结构。该型结构特点为：立柱、后横梁由钢筋混凝土柱组成；拱杆为竹竿，后坡檩条为圆木棒或水泥预制件。

①立柱：分为后立柱、中立柱、前立柱。后立柱：10厘米 ×10厘米钢筋混凝土柱，中立柱：9厘米 ×9厘米钢筋混凝土柱，中立柱因温室跨度不同，可由1排、2排或3排组成。前立柱：8厘米 ×8厘米钢筋混凝土柱。

②横梁与拱杆：后横梁：10厘米 ×10厘米钢筋混凝土柱，前纵肋：直径6~8厘米圆竹。后坡檩条：直径10~12厘米圆木，主拱杆：直径9~12厘米圆竹。副拱杆：直径5厘米左右圆竹。

③钢丝：东西向拉琴弦：10~12号冷拔钢丝，每25~30厘米一道，绑拱竿、横杆：12号铁丝。

（2）钢架竹木混合结构。特点：主拱梁、后立柱、后坡檩条由镀锌管或角铁组成，副拱梁由竹竿组成。

①主拱梁：由直径27毫米国标镀锌管（6分管）2~3根制成，副拱梁：直径5毫米左右圆竹。

②立柱：直径50毫米国标镀锌管。

③后横梁：50毫米 ×50毫米 ×5毫米角铁或直径60毫米国标镀锌管（2寸管）；中纵肋、前纵肋（或纵拉杆）直径21毫米、27毫米国标镀锌管或直径12毫米圆钢。

④后坡檩条：40毫米 ×40毫米 ×4毫米角铁或直径27毫米国标镀锌管（6分管）。

⑤钢丝：东西向拉琴弦：10~12号冷拔钢丝，25~30厘米一根。绑拱杆、横杆：12号铁丝。

（3）钢架结构。特点：整个骨架结构为钢材组成，无立柱或仅有一排后立柱，后坡檩条与拱梁连为一体，中纵肋（纵拉杆）3~5 根。

①主拱梁：直径 27 毫米国标镀锌管 2~3 根；副拱梁：直径 27 毫米国标镀锌管 1 根。

②立柱：直径 50 毫米国标镀锌管。

③后横梁：40 毫米 ×40 毫米 ×4 毫米角铁或直径 34 毫米国标镀锌管；后坡纵肋：直径 21 毫米或 27 毫米国标镀锌管 2 根；中纵肋：直径 21 毫米国标镀锌管；前纵肋：直径 21 毫米国标镀锌管。

4. 外覆盖

（1）透明覆盖物。日光温室透明覆盖物主要采用 PVC 膜（厚度 0.1 毫米），PE 膜（厚度 0.09 毫米），EVA 膜（厚度 0.08 毫米）。

薄膜透光率使用后 3 个月不低于 85%使用寿命，大于 12 个月流滴防雾持效期。

（2）不透明覆盖物。日光温室不透明保温覆盖材料主要有：草苫、保温被等。

①草苫：用稻草或蒲草制作。山东各地以稻草制作的草苫为主。宽度 120~150 厘米，重量 4 ~5 千克 / 平方米，长度依温室跨度而定，紧密不透光。近年来，草苫大部分已被保温被所取代。

②保温被：由次品棉花、腈纶棉、镀铝膜、防水包装布等多层复合缝制而成。厚度 3 厘米。质轻、蓄热保温性好，防雨雪，使用寿命 5~8 年。

第二节　苦瓜棚室类型与建造

一、类型

（一）日光温室

日光温室是指严冬季节，依靠太阳能，不加温或基本不加温，

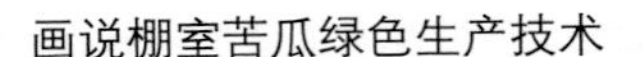

主要用于苦瓜等喜温性蔬菜生产的一种保护设施。具有三面围墙，后屋面（后坡）和透明的前屋面，透明覆盖物为塑料薄膜，夜间覆盖不透明保温覆盖物。

1. 土墙体冬暖式日光温室

全堆土式后墙目前是保温性能最好、吸收热能与释放热能最佳、也是菜农最乐于接受和普遍使用的温室，后墙从地面堆土，高度直达后坡，土堆宽度可达 3~5 米，推土机碾压和切墙是土墙体冬暖式日光温室建造的两大关键步骤，建造墙体时先用推土机压实墙底，防备地基下沉，南北初始宽度要求在 6~8 米；第二步再用挖掘机上土，每次上 70 厘米厚的松土，用挖掘机来回滚压 2~3 次；最后用推土机把墙顶压实。切墙的技术也比较重要，用挖掘机切棚墙时，要有一定的倾斜度，上窄下宽，倾斜度在 6°~10° 为好，日光温室三面墙整体呈簸箕状。成型的墙体厚度，依纬度不同地区而异，以寿光为代表的山东地区菜农使用的墙体基部厚度一般为 350~450 厘米，顶部厚度一般为 100~150 厘米；而在山东泰安市的新泰市，土壤沙石化比较严重，有些乡镇近年来建造的土墙体温室，墙体基部厚度不得不改为 850~900 厘米，顶部厚度一般为 150~200 厘米，倾斜度在 15°~20°，亦即沙石化严重地区墙体不能切得像寿光一样陡。

机筑黏土墙在寿光棚室蔬菜产区最为普遍，这种墙体在寿光类型的温室上被称为最广泛使用的类型，但一般下挖深度不宜超过 40 厘米。建造要点是建造时使用一台挖掘机和一台链轨推土机配合施工，挖掘机在指定地点堆土，推土机来回推土并碾压，最终切墙目标是底宽 4~5 米，顶宽 1.5~2.0 米，高 3.0 米左右，根据用户要求的土墙高度和土壤黏性情况，用挖掘机切削出向北倾斜至少 5° 的坡，如果棚体地面下挖 0.5~0.8 米，实质相当于后墙和山墙又增加了一定的施工高度

图 3-2-1　利用挖土机大型铲斗的铲齿切整温室后墙

与使用高度（图 3-2-1）。这种墙体优点是保温蓄热性能良好，而且外观看整体高度低矮，防风防灾性能优异，造价低廉，缺点占地比较大，浪费土地。此类钢结构日光温室亩造价在 11 万 ~13 万元。

2. 砖墙体冬暖式日光温室

砖墙体冬暖式日光温室适合于土层瘠薄、土壤沙石化严重、切不住土墙体的地区，但造价高于土墙体日光温室，一般每亩造价在 18 万~20 万元，而且，蓄热和释放热量能力不如土墙体日光温室，亦即昼夜间温度变化幅度比较急剧，对棚内植物生长不利。

（1）单质普通砖砌墙。这种墙体是由砌块和砂浆砌筑而成。砌块又分为普通红砖（图 3-2-2）、加气混凝土砖和空心砖 3 类，其中普通红砖因浪费土地，污染环境，以逐步被加气混凝土砖取代。砌墙采用内外搭接、上下错缝的原则，以免形成垂直贯通缝，影响使用，且每隔一段距离，可设置墙跺。

图 3-2-2 砖墙体冬暖式日光温室

（2）异质复合墙体。

① 夹层墙：内外层为砖砌块，中间填充炉渣、珍珠岩、岩棉等蓄热材料，该墙体蓄热能力较强，能很好地满足植物生长，且放热均匀，持续时间长。

② 空心墙：内外层为砖墙，中间隔层为空气，并且用钢筋或水泥构件连接，以增加墙的稳定性。这种墙体由于中间为空气，蓄热能力有限，其蓄热能力大大逊色于黏土墙，且放热不均匀，不持续。

3. 新型保温材料墙体冬暖式日光温室

（1）新型保温板。

① 菱镁保温板：菱镁矿是化学组成为 $MgCO_3$、晶体属三方晶系的碳酸盐矿物。菱镁保温板是近年来在新型冬暖式大棚的建材产品，以改性菱镁水泥为基料，辅以必要的无机填料和有机填料

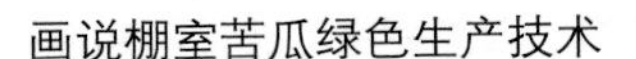

制成，强度高、易与无机、有机物结合、隔热隔音等特点，经过专业化的工厂预制、现场施工，是传统菱镁制品与新型保温材料的有机结合（图 3-2-3，图 3-2-4）。其优点一是造价低，传统的砖结构墙体目前造价大约每平方米为 60 元，而新型菱镁保温板每平方米不足 40 元，二是国家近年连续出台政策，限制黏土砖的生产、使用，以保护耕地。新型菱镁保温板不使用黏土，符合国家政策导向。三是施工方便，新型菱镁保温板工厂预制，现场施工，安装便捷。同时工厂化生产有利于产品质量的监督控制。四是性能优，新型菱镁保温板耐腐蚀、耐酸碱、耐老化，抗震、耐压性能远远优于传统材料，同时此产品具有相当好的弹性和抗拉伸性，不会被冻土挤裂，适宜北方寒冷地区使用。五是保温隔热效果好，新型菱镁保温板采用新型保温隔热材料，表面用玻璃

图 3-2-3　聚苯乙烯泡沫板表面的菱镁涂层

图 3-2-4　准备安装的 20 厘米厚的菱镁保温板

钢材料增加强度，中间夹聚苯乙烯泡沫板做填充，具有突出的隔热效果与优异的保温性能。实验数据表明，1 厘米厚的 18 千克的泡沫板导热系数与 10 厘米砖墙相当，同时泡沫板的多孔结构具有突出的吸声性能，有效降低外界噪音的干扰，保温性能好。墙体（包括后墙和山墙）是温室大棚的重要组成部分，新型菱镁保温墙体温室大棚一改传统温室大棚后墙为切墙的建造方式，采用 20~30 厘米厚菱镁保温板代替。菱镁保温板以氯氧镁水泥为基料，辅以玻纤布增强包裹 EPS（聚苯乙烯泡沫板）泡沫板的方式生产制造。实验数据表明，10 厘米厚 12 千克重的 EPS 泡沫板导热系数与 86 厘米土墙、100 厘米砖墙相当。此类保温板也有不足，保温效果虽然理想，但是蓄热和释放热量能力不如土墙体日光温室，亦即昼夜间温度变化幅度比较急剧，对棚内植物生长不如土墙体日光温室有利。

② EPS 泡沫板：EPS 泡沫板，又名聚苯乙烯泡沫板。EPS 板是由含有挥发性液体发泡剂的可发性聚苯乙烯珠粒，经加热预发后在模具中加热成型的白色物体，其有微细闭孔的结构特点等。棚体采用厚度 30 厘米、比重 12 千克 / 立方米的苯板，内外挂网刮防水腻子，刷酸涂料。泡沫板温室大棚建设与传统的大棚建设相比优势明显，不仅延长了温室大棚的使用寿命，质量稳定墙体强度高、耐水和抗腐蚀性强，属于永久性建筑，使用寿命长，等同混凝土寿命（图 3–2–5）。

新型温室的优点：一是不破坏地表层，节约土地，比传统温室节约土地 35%，特别适合地表水浅的地区使用，用材环保。二是节约建设成本，相比砖墙结构温室造价节省 1/3。三是苯板防雨、防水，不霉烂，导热系数低，保温效果好。四是采光好，坡度大，抗风，抗雪。无后坡设计杜绝后坡坍塌风险，无立柱，便于生产操作。五是结构牢固、整齐，美观大方。

另外，泡沫板温室大棚建设的优势，保护土地资源泡沫板温室大棚减少黏土砖的使用，保护土地资源，符合国家限制黏土砖使用政策。泡沫板温室大棚建设的优势，延长使用寿命 泡沫板温室大棚使用 EPS 节能保温砖结合混凝土浇注工艺，质量稳定，墙

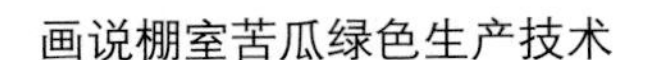

图 3-2-5 作业中的 EPS 泡沫板墙体冬暖式日光温室

体强度高、耐水和抗腐蚀性强，属于永久性建筑。泡沫板温室大棚建设，属于高效节能产品。产品的导热值为 0.032 瓦每米开尔文，达到国家最高保温标准指标（≤ 0.039 瓦每米开尔文），泡沫板温室大棚保温效果好。泡沫板温室大棚可增加种植面积，泡沫板温室大棚使用 EPS 节能保温砖减少建筑面积，增加使用面积。其厚度为 24 厘米，加上内外墙面抹水泥砂浆的厚度不会超过 26 厘米。而现有大棚砖墙体厚度不低于 58 厘米，土墙体厚度不低于 250 厘米，以 50 米大棚计算，能够增加 20~25 平方米的土地使用面积。

③ XPS 挤塑板：XPS 板全称挤塑聚苯乙烯泡沫板，简称挤塑板。与 EPS 板材相比，XPS 板是第三代硬质发泡保温材料，在工艺上它克服 EPS 板繁杂的生产工艺，具有 EPS 板无法替代的优越性能。它是由聚苯乙烯树脂及其他添加剂经挤压过程制造出的拥有连续均匀表层及闭孔式蜂窝结构的板材，这些蜂窝结构的厚板，完全不会出现空隙，这种闭孔式结构的保温材料可具有不同的压力（150~500 千帕）同时拥有同等低值的导热系数（仅为 0.028 瓦每米开尔文）和经久不衰的优良保温和抗压性能，抗压强度可达 220~500 千帕。XPS 挤塑板在

图 3-2-6 XPS 挤塑板

日光温室建设中具有优势，降低施工成本，较普通大棚（双二四墙中间加保温板）工艺简便，其施工速度会提高 30% 以上，建造成本不高于现有普通日光温室的成本（图 3-2-6）。

④新型复合墙体：墙体由多层蓄热隔热材料组成，在通常情况下，外墙内侧贴聚优异，可明显提高温室大棚的热效应。苯板或铝箔等绝热材料，墙内填充珍珠岩等蓄热材料，墙的保温能力很强，结构稳定，近年来甚至出现了新型相变材料，例如 $Na_2SO_4 \cdot 10H_2O$ 和 $Na_2CO_3 \cdot 10H_2O$ 组成的相变材料建造的墙体。但是目前新型复合墙体仅限于非个人的示范园区、示范农场以及个人育苗厂使用，一般农户不甚愿意接受和使用。

（二）塑料大棚

1. 塑料大棚的特点

塑料大棚是目前我国设施园艺中使用最广泛的棚室，超过日光温室的推广使用范围和面积，原因是塑料大棚一般不用边墙，只用骨架建成棚形，覆盖塑料薄膜，根据具体情况覆盖或不覆盖不透明保温物（图 3-2-7）。在北纬 36° 以南地区的塑料大棚，可以越冬栽培许多耐寒喜温性蔬菜作物，结构简单，容易建造，当年投资少，有效栽培面积大，作业方便。北纬 34° 以北地区，塑料大棚可与日光温室搭配使用，可抢前、错后、间作、套种、提高复种指数，充分发挥塑料大棚的优势，特别是早春和秋延的优势明显，获得了高产高效益。但是，与日光温室相比，塑料大棚因保温性较差，在我国北方地区，种植苦瓜等喜温作物，若用塑料大棚保护栽培，不能正常生长安全越冬。所以，在北方推广使用面积明显小于南方。

图 3-2-7　建设中的单栋钢管大棚

适合我国的蔬菜栽培棚室绝大部分还是塑料大棚，大棚形式多种多样，按骨架材料可分为竹木大

棚与钢管大棚；按大棚的栋数可分单栋大棚与连栋大棚。目前，绝大多数农户搭建的是竹木大棚，它造价低，造价为每平方米5~6元，但其强度较差、寿命短，仅2年左右，还有抗灾能力弱、操作管理不便等缺点。而连栋大棚，由钢管构成，强度大（寿命长达15年）、抗灾能力强（一般能抗10级台风）；棚体高大，通风采光条件好，土地利用率高，操作管理方便，但造价高（造价80元每平方米以上），农户与一般企业都无法承受。单栋钢管大棚，不仅具有连栋大棚的优点，并且造价低得多，每平方米25~30元，农户可考虑用此取代竹木大棚。

2. 塑料大棚的类型

目前基本分两类5型，一是竹木结构类大棚，其又分为竹木结构多柱型大棚和竹木悬梁吊柱型大棚。二是钢架结构类大棚，其又分钢管骨架无柱型大棚、拉钢筋吊柱型大棚和装配式镀锌薄壁钢管大棚。总的看目前呈如下发展趋势：一是跨度、高度、长度向扩大方向发展，以跨度12~16米、中高3~4米、长度60~100米者居多，近年又出现更大跨、高、长的特大型塑料大棚。二是棚型向流线型拱弧面方向发展，抵抗风灾能力不断增强。三是向预制件、事先在工厂完成弯曲角度等一系列工序，数控椭圆管成型、弯弧一次成型机应用广泛，尽量一根钢架连接固定两端地基，在施工现场尽量减少生锈焊点，卡扣式或螺丝式组装的方向发展，原来需要数日完成的工期，现在当日能够完成。四是椭圆管、几形钢、“C”形钢、花子梁等新材料、新工艺也快速渗透到塑料大棚建造实践之中。

3. 材料选择

建造单栋钢管大棚，必须选择既能防锈，又较牢固（具有抗风、雪能力）的钢管。要求为热镀锌钢管，钢管直径28~32毫米，壁厚1.5毫米。

4. 地块与方向的选择

蔬菜大棚应建在地势高燥（地下水位低）、排灌方便、土壤肥沃的地块上；大棚一般要求为南北走向，排风口设在东西两侧。这样，一是有利于棚内湿度的降低；二是减少了棚内搭架栽培作物、高秆作物间的相互遮阴，使之受光均匀；三是避免了大棚在

冬季进行通风（降温）、换气操作时，降温过快以及北风的侵入，同时增加了换气量。

5. 大棚的规格

单栋钢管大棚规格一般为：肩高 1.8~2 米，顶高 2.8~3.2 米，跨度 7~8 米，长度 40~55 米，通风口高度 1.2~1.5 米，钢管间距 0.6~1.0 米。这样的规格，主要考虑大棚在抗风雪的前提下，增加棚内的通风透光量，并且考虑到了土地利用率的提高与各种作物栽培的适宜环境。

二、建造

（一）冬暖式日光温室

1. 土墙体冬暖式日光温室

寿光市近年来建造较多、使用较为普遍的是第五代高标准冬暖式日光温室，其主要结构和建造技术如下。

（1）主要结构。一般说，内径宽 12 米；内径长 100 米；最高点 4.5 米，后墙外高 3 米，内高 3.8 米，墙地面基部厚 5 米，墙上端厚 2 米，南北 5 排水泥立柱，下挖深度 40 厘米以内的土墙体冬暖式日光温室比较实用，寿光菜农称之为“好用”。

其中，墙体厚度是保证冬暖式日光温室冬季蔬菜正常生长的关键因素之一，实际操作中，墙体厚度的建造往往超过理论设计值。墙体厚度计算公式：W=F+50 厘米，式中，“F”代表当地历年最大冻土层厚度（厘米），“W”代表日光温室土墙体适宜厚度（厘米）。例如，山东省寿光市的历年最大冻土层厚度是 52 厘米，在寿光市建造日光温室，其土墙体的适宜厚度则为 52+50=102 厘米。而青海省西宁市的历年最大冻土层厚度是 130 厘米，若在西宁市建造日光温室，其土墙体的适宜厚度则为 130+50=180 厘米。

（2）建造技术。

① 规划：选位置：选择交通便利，便于物资运输；四周没有高大建筑物或树木遮光；土层厚、水位低，排灌方便，不宜灾涝的地块。

找方向：大棚坐北朝南，东西延长，子午线方向偏西 5 度与

后墙成直角。

划棚宽：在大规模建棚的地块，为防止前棚对后棚的遮阴，每个大棚南北宽不少于 25 米，亦即每棚使用内径宽 12 米，加上墙地面基部厚度 5 米，棚与棚之间的间距至少为 8 米。

划棚长：大棚东西一般在 80~150 米，最低不少于 50 米。

②建墙体：画线：先把后墙和两山墙的地基宽度画出，8 米宽铺底。

轧地基：用链轨拖拉机压实墙体地基。

上土：用大型挖掘机从棚前取土，平摊在墙上，每 40 厘米用链轨拖拉机轧实一层，共轧 8 层，棚内下挖 0.8 米，建成内高 3.8 米，顶宽约 3 米的墙体。

切墙：墙体上窄下宽，将墙体切成墙顶宽 2 米，墙地面基部厚 5 米，内墙面向后倾约 1.2 米的墙体。切两山墙时前口比后口宽约 1.5 米，形成箔箕口形（图 3–2–8）。

通常，温室脊高（日光温室最高点高度）越高，相对应的墙体（包括后墙和山墙）坡度仰角越大，一般脊高 3.3 米的仰角 34°~35°，脊高 4.1 米以上的仰 39°~40°。

盖护墙膜：墙体开切时应准备好 6 米宽，6 丝（1 丝 =10 微米，6 丝 =60 微米）厚，长度比墙体略长的护墙膜，以防下雨淋湿墙体。

注意事项：土质湿度要适宜，不要太干或太湿。建墙体时东西一定要直，每处的宽度宁宽勿窄，留一定的余地，便于切墙。上土高度要一致。墙体每层土要及时用链轨车并排轧实，不能留间隙。

③平整地面：整平：切墙的同时将棚内的地面整平，为便于浇水，进棚口一端比棚另一端高出 10~15 厘米。

灌水沉实地面：棚内地面是切墙下来的松土，

图 3–2–8　利用挖土机的铲斗切整温室山墙

为防止以后地面下沉，应先放大水灌实。

地面沉实后会出现高低不平，要再次整平。

④埋立柱：先埋后排立柱，用 5 米的水泥立柱，底部距后墙 0.8 米埋设，东西向每 1.8 米一根，深埋 0.5 米，埋柱时先埋东西两头及中间的 3 根立柱，在柱子的顶端拉一道东西线，使所埋的立柱高度、斜度整齐一致。

后第二排立柱：用 4.7 米的水泥立柱，离后墙 3.2 米，东西向每 3.6 米一根，埋深 0.5 米。

后第三排立柱：用 4.2 米的水泥立柱，离后墙 6 米，东西向每 3.6 米一根，埋深 0.5 米。

后第四排立柱：用 3.3 米的水泥立柱，离后墙 9 米，东西向每 3.6 米一根，埋深 0.5 米。

前排立柱：用 2.0 米的水泥立柱，离后墙 11.8 米，东西向每 3.6 米一根，埋深 0.5 米。

注意事项：埋立柱时纵横向都要拉线，确保每排立柱的整齐度和高度。寿光菜农俗称东西向立柱间的间距为“一间”，每间间距为 3.4~3.6 米，一般一个棚有 24~26 间，整个棚长内径以 80~90 米的居多。

⑤ 上后坡斜柱：将 2.7 米长的后坡柱的前端压在后坡立柱上，并伸出后排立柱中间 0.3 米，用铁丝固定，后端埋在墙体内，要求斜度 45°。

注意事项：后坡水泥斜柱有正反面，拉筋多的在下面。

⑥ 埋地锚：在大棚东西两山墙外 1 米处各挖一条宽 0.5 米、深 1 米的地锚沟，将地锚一端用砖或石头缠紧后均匀埋在沟内，另一端铁丝口露出地面 20 厘米，填土沉实。

⑦ 拉后坡钢丝：用 26 号镀锌防锈钢丝（直径 26 毫米），每 15 厘米东西拉一道，最上端可拉一道双钢丝。

⑧ 上钢管：用 2 根 1.5 寸热镀锌钢管（口径 40 毫米）焊接成 12 米长的梁，将梁的后端焊接上长 25 厘米、宽 5 厘米的带钢，用铁丝固定在后坡斜柱的顶端上面，然后将钢管固定在第二、第三、第四、第五排立柱上，用 1 寸热镀锌钢管（口径 25 毫米）

焊接成与棚内东西长度一致的梁，东西固定在最前排的水泥立柱上，并与南北钢管相焊接。

⑨ 修整山墙：将两山墙根据上好的钢管的弧度进行整修，多除少补，使之与钢管弧度一致。

⑩ 埋垫线边柱：为防止钢丝勒入土墙内，将直径不低于 10 厘米的木棒或水泥檩条顺着山墙上端外沿埋好。

⑪ 上前坡钢丝：用 26 号镀锌钢丝（直径 26 毫米），从棚前坡面的最上端（最后边）10 道钢丝，每 20 厘米间距拉一道；再向前 10 道钢丝，每 25 厘米间距拉一道；再向前 10 道钢丝，每 30 厘米间距拉一道；再向前 10 道钢丝，每 35 厘米间距拉一道；最前端 3 米内的钢丝间距应调得稍小一些，以 15~20 厘米为宜的，最前端一道钢丝在距钢管顶端 3 厘米的位置拉双钢丝。所有钢丝两端拴在地锚上，用紧线机拉紧。

注意事项：横向钢丝间距处理要根据具体情况，一直以来，棚架上的横向钢丝间距都是等距离的，一般间距在 30 厘米左右。对于这个间距，可以说是比较合理的。然而，寿光菜农在建棚时，却根据实际使用经验和常出现的问题，将棚架钢丝的间距调整得大小不等，这样可以提高大棚的牢固性。

大棚棚面各个部分的承重力不一样，因此棚架上的钢丝间距也应根据承重力不同而有所调整。如大棚棚面的顶部，卷帘机卷起的棉被或棉苫常在此停住，特别是遇到雨雪天气棉被或棉苫被打湿时，重量极大，很容易将下面支撑棚架的水泥柱压折。因此，此处横向钢丝的间距应调得小一些，以 15 厘米或至少 20 厘米为宜。钢丝间距加密后，可明显提高此处棚面的承重力，增加大棚的牢固性。再如大棚前端，平时承重力虽较小，但在遇到大雪时，积雪向前端下滑，常会将前端棚架压塌。从近年春季暴雪压塌大棚的情况来看，最容易压塌的地方就是此处。因此，大棚前端 3 米内的钢丝间距也应调得稍小一些，以 15~20 厘米为宜。近年春季大雪来临时，很多大棚都被压塌，但调整钢丝间距的大棚却安全无恙。除掉棚面的积雪后仔细检查棚体，一点被压损的迹象也没有，这与改进不无关系。因为这些大棚与很多同期建的大棚的

结构是完全一样的，唯一的不同是调整了横向钢丝间距。

⑫ 拉吊菜钢丝：在拉棚面钢丝的同时，顺着每排立柱拉一道吊菜钢丝，共五道，距地面 2 米，固定在每个立柱上。

⑬ 上竹竿：每间五道，每道用两条竹竿对头施用。在钢管两侧 30 厘米处各上一道，然后均匀上中间三道，间隔约 70 厘米。

注意事项：将竹竿上的毛刺削平，竹竿顶端别在钢丝下，以防划破薄膜。

⑭上后坡：铺后坡膜：先在后坡钢丝上铺一层 6 米宽、8 丝（80 微米）厚的薄膜，北边距后墙 20 厘米。

铺后坡棉被或棉苫：先东西铺上一层，北边压在后墙上 20 厘米，然后用 4~5 米长的棉被或棉苫南北铺好，然后再在棚最顶端向南 30 厘米处东西拉一钢丝，将棉被或棉苫绕过来再铺平，然后将农膜从钢丝处折回包住棉苫，同时盖住墙体。

上珍珠岩：每 3 米用 1 立方米珍珠岩，成袋摆在后坡上，前高后低。

上后坡土：用棚后墙外的松土压在后坡上，高度比棚最高点略低，呈坡形，踩实。

注意事项：也可在铺膜前上一层无纺布，既美观又实用。

⑮ 棚前地面整理：从最前排立柱向南 2 米，整高出棚面 50 厘米的土岭，在土岭的南面挖一道 60~80 厘米深的排水沟，以防雨水流入棚内。

⑯ 埋压模线地锚：在最前排水泥立柱外 15 厘米处，每间均匀埋上两个地锚，用 26 号镀锌钢丝拴上两块砖，深埋 50 厘米，地上留出 10 厘米。

在后坡上面离风口 80 厘米处东西拉双道 26 号钢丝，以备拴压膜线和棉苫用，在后墙外最低端每间埋一个地锚固定此钢丝，深埋 50 厘米。

⑰上膜：选用宽 12.5 米，长 108 米，厚度 8 丝的 EVA 膜或 PO 膜。

粘膜：现将薄膜的北边和前边 1.7 米处粘两道 3 厘米的裤兜。

顺膜：在无风的晴天，先将前坡大膜顺在棚前，注意薄膜的

正反面。

穿钢丝：用 26 号钢丝穿在前膜的两个裤兜内。

垫山墙：将两山墙的高点去掉，凹点用土填平，铺上一层棉苫或塑料编织袋或无纺布，以防薄膜受损。

拴压膜线：为防止上膜期间起风，在上膜前先每间拴好一条压膜线放在后坡上备用。

膜上棚：每两间一个人将膜抱起放在肩上，登上棚面将膜放在棚前坡面中间，然后将膜上下展开，铺在棚面上。

固定薄膜：现将膜的一头用竹竿卷好固定在山墙外的地锚上，将膜上下左右拉平，再固定另一端，并将上下两个裤内的钢丝用紧线机拉紧固定，膜下边的钢丝每间一点用压膜线固定在地锚上，每间一条压膜线。

⑱上放风口膜：用 3 米宽、8 丝（80 微米）的无滴膜，在最下方、距 1.2 米处、最上方各黏一道裤，并用钢丝穿过固定好在两山的地锚上。

⑲ 上防虫网：将 1.2 米宽 40 目的防虫网固定在前放风口和棚顶放风口上，以防害虫进入棚内。

⑳ 水渠：在棚内靠后墙的走道处修一条宽 80 厘米左右的水渠，水泥抹平，即是走道又是水渠。近年来寿光菜农逐步改为水肥一体化的膜下滴灌模式，但水渠还是要事先留好。

㉑ 滑轮：每 7 米按一组，每组 3 个滑轮。

㉒ 小屋：又称看护房，在大棚靠路的一端山墙上人工掏一个洞口，洞外建一个 3 米 × 5 米的小屋，既可防风又可放大棚用具。

㉓ 山墙（压膜护膜）：在山墙膜上用塑料编织袋装大半袋沙子排压在山墙上，可压住膜被风刮起，又可防止人上下踩破膜，还可挡风，防止棉苫被风刮起。

㉔ 盖棉被或棉苫：用 14 米长、1.5 米宽、3 厘米厚的棉被或棉苫，根据棚长，设计棉被和棉苫的个数。

㉕ 盖浮膜：晚上盖上棉被或棉苫后，在棉被或棉苫上再盖上一层宽 16 米、厚 8 丝和大棚等长的薄膜。

㉖ 压膜沙袋：棚顶和两边每 1 米备好一个小沙袋，棚的前面

每2米备好一沙袋，以备天气变化压膜所用。

㉗ 卷帘机：1 500瓦卷帘机1个，传动轴所用的76油杆。

㉘ 吊门帘：在大棚与棚内相连接的通道两端门口挂两个棉门帘。可防风、保暖。

2. 砖墙体冬暖式日光温室

寿光菜农使用的冬暖式日光温室目前几乎绝大部分是土墙体日光温室，主要原因：一是寿光土层深厚，土壤属于泰沂山区的冲积扇尾，土壤钾含量较高，加之地下水位低，下挖式温室比较普遍，土壤翻不要紧，但能长，各种土层厚度50~300米不等，据分析，寿光市大田耕层土壤养分总体含量丰富，土壤pH值为7.16，碳氮比为8∶43，有机质含量中等，为每千克14.70克，全氮含量较丰富，为每千克1.24克，水解氮含量丰富，为每千克126.21毫克，有效磷、速效钾含量很丰富，分别为每千克58.23、219.10毫克。二是土墙体温室造价低廉，就地取材，菜农使用实惠。三是土墙体吸热散热性能优良，能保证棚内作物昼夜间正常生长的温度。而在寿光的示范园区、农场等非个人种植展示区，以及种苗公司和个人育苗厂等利润较高的棚室，则一部分采用了砖墙体冬暖式日光温室。

砖墙体冬暖式日光温室，与传统土墙温室大棚的区别在于墙体用砖砌。土墙可以直接用砖砌成，砖体可选用实心红砖、水泥砖、面包砖等，可以在墙体之间预留一定空隙，用土填充，起到防止热量流失，增强冬季保温的作用。此结构具有土地利用率高，适应地形广，造型大方美观的特点。其与土墙日光温室大棚相比较，主要区别在墙体的结构，其他建设材料基本一样。

关于砖墙体冬暖式日光温室的造价：一般而言，土墙温室大棚包工包料建造下来价格在800 ~1 200元/米（以日光温室大棚东西长度计算），一个前后跨度10米，东西长度100米的日光温室大棚投资在8万~12万元；而同样跨度的砖墙温室造价在1800元/米左右，一个砖墙温室大棚造价在18万元左右。价格主要差在墙体造价，因为土墙结构的大棚墙体材料为土，土完全可以就地取材，材料成本几乎为零，剩下的只有一部分机械费用；

而砖墙温室墙体全部使用各种砖砌墙，不仅增加砖块的材料成本，人工成本也会相应增加。

土墙日光温室对地形有一定要求，土壤含沙量一般不能超过50%，否则用土墙构筑的墙体不够稳定。砖墙日光温室没有严格的条件限制，适合所有的蔬菜种植区域，尤其是地表水位较高、地表上层较浅的种植区域，土壤沙化严重、不适合下挖、不适合常规日光温室建造的地区。

选择建土墙还是砖墙日光温室大棚，要因地制宜，综合考虑保温、实用、地形等因素，毕竟大棚的主要用途还是用来种植作物，选择最适合当地条件的棚型来建设温室大棚。

下面以近年来常见的、东西长 80 米、南北宽 10 米（80 米 × 10 米）砖墙钢架大棚为例，介绍砖墙体冬暖式日光温室的建造。

（1）墙体。

① 基础：亦称地基，“三合土”黏性土、石灰、沙子 3 ∶ 1 ∶ 1，打好墙体地基，地基宽度一般 1.0 米，比墙体 0.8 米每边宽 10 厘米，地基深度一般 40 厘米，80 米长的棚地基总长度为 80+80+10+10=180 米。

② 砖体：面包砖：两边 24 号面包砖，中间 30 厘米珍珠岩填充，墙体总厚度 0.78 米，总延长 180 米。

黏土砖：由内向外，山东地区 24 厘米黏土砖墙 +30 厘米干土 +24 厘米黏土，砖墙 +12 厘米苯板，厚度 0.60~0.78 米，墙外培土，底部培 2 米，顶部培 1 米，呈坡状。墙的内外墙之间每隔 2.7 米设 1 个 24 厘米厚拉墙（加垛），拉墙高度可比内墙低 0.5~0.8 米。在温室北墙外侧贴聚苯保温板（厚度 120 毫米），外挂石膏或水泥，使苯板与墙体结合紧密。苯板密度不低于 12 千克 / 立方米。墙后培土，下部培土 2 米，上部 1 米。墙体使用 M25 水泥砂浆，禁用泥浆，以防墙体鼓包变形。

③ 预埋件：专用，170 个。

（2）梁架。椭圆钢：30 × 70 × 2.0（扁径 × 高径 × 壁厚，毫米），1 237.5 米。连接件：专用，85 个。斜拉杆：30 × 70 × 2.0（扁径 × 高径 × 壁厚，毫米），255 米。地脚连接件：340 个。预

埋管：30米×70米×2.0 170米。（扁径×高径×壁厚，毫米）棚面拉杆（需预加工）：6分2.0共84根。拉杆连接件：专用标准件510个。

（3）钻尾丝5厘米，1 856个。12厘米，500个。2厘米，1 500个。

（4）后砌。26号钢丝，115千克。铁丝14号24千克。角铁40×40×3.0 17根。扁铁3号2.5，34根。保温板，10厘米，200平方米。无纺布，450克，130平方米。

（5）棚膜。大膜，9丝PO膜或EVA膜，879平方米。下膜，9丝PO膜或EVA膜，50平方米。放风膜，9丝PO膜或EVA膜，303平方米。压膜绳，33千克。

（6）卷帘机。机头，五轴，1台。电机1台。前臂1台。卷杆，76×3.25米，100米。配件1套。

（7）保温被。保温被，1 580平方米。托绳18千克。

（8）棚头房。

（9）水渠。

（10）附件。防虫网，60目，100平方米。膨胀钩，10号105个。花兰，14号20个。卡槽卡横0.65毫米，81根。连接片，81个。卷膜器，手动，1个。卷杆，6分2.0，17根。卡箍，6分70个。放风滑轮组，20组。

3. 无立柱蔬菜日光温室建造

蔬菜日光温室主要有两种建造形式，一种是使用较多水泥立柱支撑棚面的日光温室，简称有立柱蔬菜日光温室，另一种是使用钢架代替众多水泥立柱支撑棚面的日光温室，简称无立柱蔬菜日光温室（图3-2-9）。对比两者建造所需资材可知，无立柱蔬菜日光温室的建造成本要高于有立柱蔬菜日光温室，但是，因其棚内的种

图3-2-9　无立柱蔬菜日光温室，部分作为育苗厂的育苗间使用

植区没有立柱，从而给蔬菜生产带来了极大的方便。因此，近几年，无立柱蔬菜大棚越来越受到菜农、育苗厂、示范园种植者的青睐。

建造抗压力强、透光率高、经济实惠的无立柱蔬菜大棚。

（1）选址。与建造有立柱蔬菜日光温室相比较，无立柱蔬菜日光温室选址同样要求地势平坦、土层深厚、光照条件优良。区别之处，无立柱蔬菜大棚的南北跨度以 12 米为宜，若过小，必然加大钢架的拱度，钢架拱度加大，反而不利于人工拉放草苫或给卷帘机上卷草苫增加难度。若超过 12 米，钢架拱度小，如此会产生诸多不利影响。一是日光温室棚面采光受影响，太阳光照入射量少，棚温提高慢，蔬菜生长易受影响；二是钢架拱度小，冬季遇到大雪天气，棚面积雪过多，易出险情；三是无立柱蔬菜日光温室的跨度越大，对钢架的承载力要求就越大，投入的建造成本也就高。

（2）墙体的建造。实践证明，无立柱蔬菜日光温室对墙体的建造要求更高，这是因为其整个棚面均采用钢架支撑，一般 3.0~3.5 米一架钢架，钢架上端通过后砌柱子与后墙相连，其总体的重量明显比有立柱蔬菜日光温室的竹竿骨架重量要重。因此，墙底先用推土机压实，南北宽度要求在 6~8 米，以防地基下沉。然后，再用挖掘机上土，并且每上 70 厘米厚的松土，就用挖掘机来回滚压 2~3 次。棚宽与后墙高度相辅相成，成一定比例，棚宽为 12 米的无立柱蔬菜日光温室，后墙的高度以 4.5 米为宜，最后把墙顶用推土机压实。另外注意，用挖掘机切棚墙时，要有一定的倾斜度，上窄下宽，倾斜度在 6°~10° 为宜。

图 3–2–10　即将上架的无立柱日光温室的花子梁

（3）上钢架。无立柱日光温室的钢架非常重要，多采用花子梁，主梁用 1 寸的热镀锌钢管，1 寸管外径为 33.7 毫米，

厚度为 2.75 毫米。下面用 12 毫米的钢筋焊接花字，距离可以设定为 2 米一架，中间加一趟辅梁，辅梁可用一寸管（图 3-2-10）。

为了提高无立柱蔬菜大棚的抗压力，其在建造时要求，棚内需添加两排立柱，分别是后砌立柱，也就有立柱蔬菜大棚中的第一排立柱和前排立柱。在埋设立柱前，需先用挖掘机对棚底进行平整，然后再大水漫灌，以防埋好立柱时下沉。后砌立柱选用高 5.5 米的加重立柱（下埋 50 厘米），前排立柱选用 2 米普通立柱即可。按照有立柱蔬菜大棚的立柱埋设方法，将这两排立柱安装好后，便可上钢架。其方法为：

① 在东西墙的中部（东西向）拉一条钢丝，并打地锚，以此作为上钢架的标准线。

② 需 7~8 个成年人合力将钢架拉上预定位置，而后，一人用铁丝将钢架捆绑在标准线上，以防倒伏。

③ 站在大棚后墙顶部的一人再将钢架的上端捆绑在后砌柱子上，注意铁丝头要向下弯，以避免扎坏后屋面上薄膜。而站在大棚前脸处的两人，除了将钢架固定在前排立柱上外，还应纠正好钢架的上下方向，从而使钢架保持上下一致（图 3-2-11）。

图 3-2-11　刚刚上架的无立柱日光温室的花子梁

（4）拉棚面钢丝。与有立柱蔬菜大棚相比较，无立柱的蔬菜大棚要求棚面钢丝更密集些，以增加其抗压能力。提倡大棚放风膜下的钢丝排布距离为 15 厘米左右，因为白天大棚草苫卷起后，草苫均集中在该处，所以该处钢丝间距比棚面钢丝间距（20~30 厘米）要小。注意：棚面上的所有钢丝均要用铁丝固定在每一钢架上，以此来增强钢架的牢固性。另外，棚室的最南端要多拉一条钢丝，以备方便安装托膜竹。

（5）上托膜竹。为增强棚面承载力，保护棚膜，托膜竹可

选用实心竹竿，且每排上下各一根竹竿（粗头朝外，细头对接），棚室每间安装 5 排托膜竹为宜。托膜竹的下端可通过两根钢丝将其夹住、固定，其他的部分应一一用铁丝捆绑在棚面钢丝上。

（二）塑料大棚

1. 塑料大棚的主要类型与性能

（1）竹木拱架塑料大棚。跨度 6~8 米，中高 1.8~2 米，长 50~70 米，以 3~6 厘米直径的竹竿为拱杆，每排拱杆由 4~6 根支柱支撑，拱杆间距 1.0~1.2 米，立柱用水泥杆或木杆，立柱间隔 3.0~3.6 米。拱杆下部无支柱的，采用吊柱方式支撑。拱杆上盖塑料薄膜，用 8 号线作压膜线。此棚结构简单，成本低，易推广，但遮光多，作业不便。

（2）镀锌钢管塑料薄膜大棚。跨度 8~10 米，中高 2.5~3.0 米，长 50~70 米，用 ϕ22 × 1.2~1.5 毫米薄壁钢管制作拱杆、拉杆、立杆（两端棚头用），经镀锌可使用 10 年以上。大棚用卡具、套管连接棚杆组装成棚体，覆盖塑料薄膜用卡膜槽固定。上部盖一大块薄膜，两肩下盖 1 米高低脚围裙，便于扒缝放风。此种大棚骨架属于定型产品，规格统一，组装拆卸方便，棚内空间较大，无支柱，作业方便，光照充足。

（3）花子梁钢架塑料薄膜大棚。菜农讲究经济实用，尽量用最少的投入换取最大的回报，近年来，在山东省寿光市孙家集街道的前王村、堤里村、汤家村、岳寺李村及山东青州等大棚（冷棚）苦瓜产区，建造了许多花子梁钢架苦瓜生产塑料薄膜大棚，南北向，钢架结合竹竿，每隔 4.8~6.0 米一排花子梁，即为一间，花子梁之间有 5 道竹竿，竹竿间距 0.80~1.0 米，中间一排水泥混凝土立柱或多排立柱，南北延长 100~140 米、宽 12~14 米、中高 4~6 米的苦

图 3-2-12　山东省寿光市孙家集街道的前王村花子梁钢架塑料薄膜苦瓜大棚

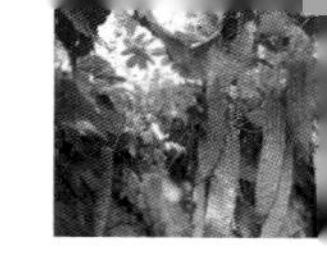

瓜棚，主要种植“维吉特 VB-11”“绿帅”“新农村”等耐热性越夏延秋茬苦瓜，采收期长达 5~6 个月，大棚结构简单，投入少，实惠适用，又能巧打时间差，收到良好效益（图 3-2-12）。

（4）保温被大拱棚。保温被大拱棚亦称冬暖拱棚，近年来寿光市建造了许多这类保温被大拱棚，在全钢架基础上加一排或两排立柱，或全钢管拉钢丝多立柱等形式，两边有卷帘机，覆盖保温被保温效果好，南北延长，宽度 20~30 米、高度 3.5~6.0 米，长度 80~200 米，具有土地利用率高，施工快，投资比冬暖式大棚节省 40%，施工受天气因素影响小，结实耐用，种植管理方便，美观大方，不受地下水位浅的影响，原土壤熟土耕作层不破坏等诸多优点（图 3-2-13 至图 3-2-16）。

图 3-2-13　建设中的保温被大拱棚的骨架

图 3-2-14　保温被大拱棚的棚顶

图 3-2-15　保温被大拱棚的双卷帘机

图 3-2-16　山东省寿光市化龙镇二十里铺村南北延长 210 米，宽度 31 米，高度 7 米的大型保温被越冬拱棚

随着保护地栽培技术的日益成熟，对设施的要求及种植品系也逐渐严格和扩展，棉被大拱棚建设的建设技术会越来越多体现在大棚建设方面。其特点：一是采用热镀锌管做骨架，使用寿命10年以上；二是土地利用率高；三是外形美观、保温效果好；四是冬天也可种植，弥补其他拱棚冬季不能种植的不足。

2. 塑料大棚的规划设计

（1）场址选择与规划。大棚的场址应选向阳、避风、地势平坦、土壤肥沃、土质良好、水源充足、排灌方便，周围无高大树木和建筑物遮阴。在建大棚群时，棚间距离宜保持2~2.5米，棚头间距离5~6米，才有利于通风换气和运输。

（2）大棚的规格与方向。大棚一般长50~70米，宽8~10米为宜。太长两头温差大，运输管理也不方便；太宽通风换气不良，也增加设计和建造的难度。中高以2.5~3.0米为宜，大棚越高承受风荷越大，但大棚太低，棚面弧度小，易受风害，雨大时还会形成水兜，造成塌棚。大棚的方向很重要，南北延长的大棚受光均匀，适于蔬菜生产；东西延长的大棚光照南强北弱多不采用。

（3）棚型与高跨比。棚型与高跨比主要关系到大棚的稳固性。在一定风速下，流线型棚面弧度大，风速被削弱，抗风力就好些；而带肩大棚高跨比值小，弧度小，抗风力差。高跨比值一般以0.3~0.4为好。

3. 塑料大棚的建造方法

主要由立柱、拱杆、薄膜、压杆或8号铁丝组成。这种大棚的断面成隧道式，以纵向南北，棚长50~70米，棚宽8~10米为宜。

（1）埋设立柱。立柱选用6厘米 ×8厘米的水泥柱或8~10厘米的木柱或竹竿皆可，南北方向每隔3.2米埋设一排立柱，每排一般由4~6根立柱组成，中柱高出地面2.5米，两根腰柱高出地面1.5米，两根边柱高出地面0.7米左右，立柱埋入地下0.3~0.4米，每根立柱都要定点准确、埋牢、埋直，并使东西南北成排，每一排立柱高度一致。

（2）安装拱杆和拉杆。拉杆固定在立柱顶端以下 0.3 米处，使每排纵向立柱结成整体。拱杆固定在立柱顶上，用铁丝拧紧。

（3）盖膜。薄膜最好用无滴膜，宽度根据棚型跨度选择，先从两边下手，再依次往上覆盖，两幅膜的连接缝相互重叠 20 厘米，棚膜上两拱杆之间设一压膜杆，压紧薄膜，使棚面成互菱形。

4. 塑料大棚的性能特点

（1）温度条件。塑料薄膜具有保温性。覆盖薄膜后，大棚内的温度将随着外界气温的升高而升高，随着外界气温下降而下降。并存在着明显的季节变化和较大的昼夜温差。越是低温期温差越大。一般在寒季大棚内日增温可达 3~6℃，阴天或夜间增温能力仅 1~2℃。春暖时节棚内和露地的温差逐渐加大，增温可达 6~15℃。外界气温升高时，棚内增温相对加大，最高可达 20℃以上，因此大棚内存在着高温及冰冻危害，需进行人工调控。在高温季节棚内可产生 50℃以上的高温，进行全棚通风，棚外覆盖棉苫或搭成“凉棚”，可比露地气温低 1~2℃。冬季晴天时，夜间最低温度可比露地高 1~3℃，阴天时几乎与露地相同。因此大棚的主要生产季节为春、夏、秋季。通过保温及通风降温可使棚温保持在 15~30℃的生长适温。

（2）光照条件。新的塑料薄膜透光率可达 80%~90%，但在使用期间由于灰尘污染、吸附水滴、薄膜老化等原因、而使透光率减少 10%~30%。大棚内的光照条件受季节、天气状况、覆盖方式（棚形结构、方位、规模大小等）、薄膜种类及使用新旧程度情况的不同等，而产生很大差异。大棚越高大，棚内垂直方向的辐射照度差异越大，棚内上层及地面的辐照度相差达 20% ~30%。在冬春季节以东西延长的大棚光照条件较好、它比南北延长的大棚光照条件为好，局部光照条件所差无几。但东西延长的大棚南北两侧辐照度可差达 10%~20%。

薄膜在覆盖期间由于灰尘污染而会大大降低透光率，易吸附水蒸气，在薄膜上凝聚成水滴，使薄膜的透光率减少。因此，防止薄膜污染，防止凝聚水滴是重要的措施。大棚覆盖的薄膜，

应选用耐低温防老化、除尘无滴的长寿膜，以增强棚内受光、增温、延长使用期。

（3）湿度条件。薄膜的气密性较强，因此在覆盖后棚内土壤水分蒸发和作物蒸腾造成棚内空气高湿，如不进行通风，棚内相对湿度很高。当棚温升高时，相对湿度降低，棚温降低相对湿度升高。晴天、风天时，相对湿度低，阴、雨（雾）天时相对湿度增高。在不通风的情况下，棚内白天相对湿度可达60%~80%，夜间经常在90%左右，最高可达100%。

棚内适宜的空气相对湿度依作物种类不同而异，一般白天要求维持在50%~60%，夜间在80% ~ 90%。为了减轻病害的危害，夜间的湿度宜控制在80%左右。棚内相对湿度达到饱和时，提高棚温可以降低湿度，如温度在5℃时，每提高1℃气温，约降低5%的湿度，当温度在10℃时，每提高1℃气温，湿度则降低3%~4%。在不增加棚内空气中的水汽含量时，棚温在15℃时，相对湿度为70%左右; 提高到20℃时，相对湿度约50%。由于棚内空气湿度大，土壤的蒸发量小，因此在冬春寒季要减少灌水量。但是，大棚内温度升高，或温度过高时需要通风，又会造成湿度下降，加速作物的蒸腾，致使植物体内缺水蒸腾速度下降，或造成生理失调。因此，棚内必须按作物的要求，保持适宜的湿度。

第四章 苦瓜品种选购与优良品种介绍

第一节 苦瓜品种选购

一、菜农选择苦瓜品种的注意点

第一，抗病。近年来，受越冬茬蔬菜越来越多等因素影响，蔬菜病毒病发生越来越严重，尤其是6月以后，气温升高，传毒害虫增多，病毒病极易暴发。苦瓜病毒病主要由黄瓜花叶病毒和西瓜花叶病毒侵染造成，从苗期到成株期均可发病。一般来说，每年6~10月是病毒病发生高峰，发生的苦瓜病毒病主要在成株期，菜农要特别注意加强病毒病的预防。首要一点选好品种育好苗。目前，苦瓜品种中尚没有发现对病毒病抗性较好的抗原，只有部分品种抗逆性较好，对病毒有一定的耐性，品种选择时要注意选择抗逆性强的优良品种，如“维吉特VB-11”“新农村”等，并做好种子处理，改善育苗环境，避免前期就感染病毒。

第二，高产。高产稳产是高效益的前提，产量一定要高且稳定。优良的苦瓜品种应具有：植株生长势旺盛，茎粗叶大，分枝力强，侧枝多，在前期后期的结瓜能力上都能保持较高的水平等特点。

第三，耐储运。由于苦瓜产量较高，除本地消费一小部分外，大部分苦瓜主要是销往外地，所以耐储运是选择苦瓜品种的重要标准，这就要求苦瓜果皮厚，肉厚、籽少，不中空，这样的苦瓜收购商才会喜欢，所以选择耐储运的品种是非常重要的。

第四，颜色要翠绿。有的品种瓜条颜色过浅，特别是到结瓜盛期，枝叶茂密，瓜条色泽不好，必然卖不上好价钱。而好的苦瓜品种要求颜色翠绿，有光泽，有较整齐的纵沟条纹与瘤状凸起相间，肉厚，味微苦，瓜质好。

第五，果型要求“齐头钝尾”。有些苦瓜品种在很多品种的

瓜条在结瓜盛期，营养供应不足时就会出现尖尾的情况或两头尖的模样，这在卖菜时价格会受影响。所以选择“齐头钝尾”的苦瓜品种也是菜农应注意的。

二、菜农要根据市场销路选购品种

苦瓜的类型和品种对种植者和消费者都比较重要，消费者对苦瓜瓜皮的颜色、果实形状、果实大小都有自我判断，种植者一定要根据历年种植和销售经验，选择适合市场和受消费者欢迎的苦瓜品种来种植，而且应该根据市场需求，不断调整新的更好的品种来种植。在棚室苦瓜传统种植区，由于连年种植，很多菜农种的苦瓜老品种种性退化严重，导致抗病性下降。菜农在选择新品种时应注意选择抗病品种。

选对抗病高产的苦瓜品种，直接关系到菜农的收益。山东省寿光市孙家集街道是著名的棚室苦瓜产区，各种各样的苦瓜种子都在此地争夺市场，很多种子在此地都无法立足。2012 年最新引进的“新农村”苦瓜去年在此试种后，却迅速赢得了广大菜农的喜爱。种过该品种的菜农都说，“新农村”苦瓜确实不错，产量高，瓜型好，抗病能力强，市场上特别好卖。以寿光市孙家集街道石门董村陈姓菜农为例，2013 年冬天在黄瓜棚里套种了“新农村”苦瓜，从过了春节以来，她家的苦瓜从来都是市场上最抢手的，每次都以最高价卖出，等拉秧时一算账，套种的苦瓜整整卖了 5 万多元，比黄瓜卖钱都多，这在当地引起了不小的轰动。一直以来，她种苦瓜都是选用自留种，这几年自己留的种子，病毒，白粉，黄叶子现象特别厉害，产量也上不去，听别人说“新农村”苦瓜品种不错，就抱着半信半疑的态度大着胆子买了几袋，回家后家里人还直埋怨她轻信别人，种子播下后，她跟往年一样正常管理，就像品种介绍的那样，这种苦瓜抗病能力特强，产量很高，往年常见的病毒病、白粉病、黄叶病几乎没发现，见苦瓜长势这么好，她心里的石头这才落了地，她家的苦瓜产量又高，质量又好，非常畅销，连她自己都没想到能获得这么高的收入，着实让她高兴了很长时间，她至今两个棚都种“新农村”苦瓜，他们村很多

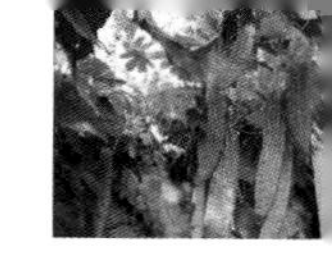

人都求她代购“新农村”种子。

在苦瓜不同类型上，也应选准，苦瓜的类型有多种划分方法，可按瓜皮颜色、果实形状、果实大小和品种熟性等多种特性来划分。

按瓜皮颜色来分，有墨绿、深绿、绿、浅绿、黄绿、黄白、白绿、白、黑等多种类型。一般说，消费者喜欢颜色深的品种。

按果实形状来分，有短圆锥、长圆锥、长纺锤、短纺锤、短棒、长棒和近球形等多种类型。

按果实大小来分，有大型苦瓜和小型苦瓜两大类型。现在我国各地栽培的苦瓜，大都属于大型苦瓜类型。一般说，菜农要选择大型苦瓜，产量高，容易取得良好经济效益。

大型苦瓜果实的主要特点是：呈圆筒形，两头稍尖，一般瓜长 16~50 厘米，横径 5~10 厘米。每个瓜所含种子较少，主要集中分布在果实的下部位。在果实成熟时，极易开裂掉出种子。果实表面的瘤状凸起细密而美观，果皮的颜色随着果实发育成熟的不同时期而变化，一般在幼果期为深绿色、绿白色或白色，到了生理成熟期，均为红黄色。

小型苦瓜果实的主要特点是：果实成短纺锤形，一般长 6~12 厘米，横径 5 厘米左右，果皮颜色有绿白色和白色两种。到成熟期，均为金黄色，果肉较薄，种子发达，苦味较浓，产量不高。

按品种的熟性来分，有早熟、中熟、晚熟等类型。在一定环境条件下，苦瓜种质商品瓜成熟的早晚不同。按照播种期到始收期的不同天数，可将苦瓜种质的熟性分为 5 级，即极早熟、早熟、中熟、晚熟、极晚熟。菜农可按不同茬口和套种对象，合理安排早熟或晚熟品种，打开上市时间差，以获得更好的经济效益。

按种子的颜色来分，有黑籽苦瓜、黄籽苦瓜、褐籽苦瓜等。我国长江以南的传统的苦瓜产区，如广东、广西、福建、台湾、江西、海南、四川、湖南等省区，苦瓜栽培普遍，品种资源较为丰富，北方大多从南方或国外引种。近年来，北方各省特别是大城市郊区，棚室栽培越来越多，通过互相引种、驯化和育种，形成了各地自己地方品种。山东寿光甚至形成了自己独具的特色，在冬暖

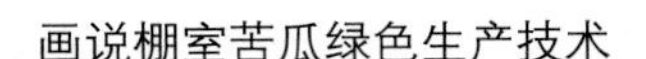

式日光温室中用苦瓜套种以黄瓜为主的其他作物，一大茬顶两茬，取得了良好的经济效益。

第二节　苦瓜优良品种介绍

一、寿光及华北种植区的优良品种

（一）绿状元

荷兰进口，杂交一代新品种，抗病能力强，生长旺盛，果实亮绿，表皮光泽度好，齐顶，尾部钝圆，果长35~40厘米，果径5~6厘米，果肉厚，果腔小，单果重500克左右，商品性极好，是出口边贸的理想品种，产量比常规品种高30%甚至50%以上，此品种适合四季种植，表现突出，是我国棚室苦瓜集中产地寿光市孙家集街道主要品种之一（图4–2–1）。

图4–2–1　绿状元苦瓜

（二）新农村

该品种是野生绿皮苦瓜与“疙瘩绿”苦瓜的一代交配育成，抗病性强，光泽度好，坐瓜率多，产量高，品质好，果实呈圆筒形，丰满、顺直。菜农们反映，该品种抗病性特强，在出现苦瓜黄叶，病毒，死棵子的地方种植，“新农村”生长正常，坐瓜正常，个别农户竟没有喷过一次药，据寿光市宋家庄王姓菜农介绍，该品种早熟，能够抢早上市，卖好价钱，初收阶段的每公斤价格都在7~8元/公斤。光泽度好，市场很受欢迎，坐瓜率多，产量高，几乎节节有瓜，品质好，果实呈圆筒形，丰满，顺直，无常见的“驴尾巴”现象，每市斤（1市斤＝0.5千克。全书同）比市场价高0.3~0.5元，是我国棚室苦瓜集中产地寿光市孙家集街道主要品种之一（图4–2–2）。

（三）维吉特 VB-11

图 4-2-2　新农村苦瓜

维吉特 VB-11，是由沈阳维吉特种子有限公司历经多年时间研发、培育、试验、推广的杂交一代苦瓜新品种，抗病能力强，生长旺盛，瓜码密，果实翠绿，光泽度特好，瓜长 35~40 厘米，瓜径 5~7 厘米，果肉厚，果腔小，顺直丰满，商品性极佳，是出口边贸的首选；果单重 350~400 克，大小瓜均可销售，颜色翠绿鲜亮，刺瘤均匀圆正，珍珠圆滑排列整齐，瓜条硬度极好，耐储运货价期长，适合保护地种植。菜农和经销商反映，维吉特 VB-11 苦瓜推出后，因其具有瓜码密、产量高，刺瘤圆滑、条棱顺直，色泽翠绿、油亮，瓜条顺直、每支瓜长度都在 35 厘米等优点，深受广大菜农和收货商的认可和欢迎。目前，维吉特 VB-11 不仅在山东寿光、青州、济宁、临沂、泰安、菏泽、济阳受到欢迎，还在山西、河南、云南、陕西等市场口碑良好。在我国棚室苦瓜集中产地寿光市孙家集街道的冬暖式日光温室和塑料大棚中均广泛种植，苦瓜苗价格虽然在 2.4 元 / 株左右，但近年来，山东寿光市孙家集街道、青州、昌乐等棚室苦瓜主产区的农户订苗数量很大。（图 4-2-3）。

图 4-2-3　维吉特 VB-11 苦瓜

（四）超群 523 F_1

专用于棚室 9~12 月黄瓜套种苦瓜，瓜码均匀，瓜长 35~38 厘米，直径约 6 厘米，连续坐瓜能力强，极耐运输，整齐度极好，膨瓜速度快，颜色翠绿，油亮，光泽度好，齐顶，长势旺盛，抗逆强，产量高，黄籽（图 4-2-4）。

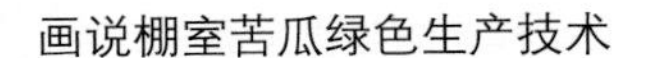

（五）超群 519 F_1

专用于越夏苦瓜、一季苦瓜和秋苦瓜，瓜码密，瓜长约 35 厘米，直径约 6 厘米，膨瓜快，硬度佳，颜色翠绿，明亮，光泽度好，抗逆性强，植株长势旺盛，产量高，黄籽（图 4–2–5）。

图 4–2–4　超群 523 F_1 苦瓜

图 4–2–5　超群 519 F_1 苦瓜

（六）超群 567 F_1

中小条苦瓜，齐顶，膨瓜快，瓜码密，抗病强，产量高，瓜皮厚，瓜长 30~32 厘米，直径 4~6 厘米，黑籽（图 4–2–6）。

（七）金牌 F_1

属于中条苦瓜，瓜码密，瓜长 30~35 厘米，直径约 6 厘米，膨瓜快，齐顶，产量高，颜色绿，硬度好，瓜顺直，抗逆性强，抗病强，刺瘤不突出，极耐运输，长势旺盛，侧蔓少，主蔓结瓜为主，黑籽，全年可以种植（图 4–2–7）。

（八）绿冠 3 号 F_1

由泰国引进，杂交一代品种。植株生长旺盛，分枝力强，高

图 4-2-6　超群 567 F_1 苦瓜

图 4-2-7　金牌 F_1 苦瓜

抗病。坐果率高，持续结果能力强，产量高。果长 35~40 厘米，横径 7~8 厘米，瓜长圆棒形，肩部稍阔，瓜深绿色，光泽度好，长短瘤相间，周身布满疙瘩，刺瘤丰满，皮厚腔小，果实坚硬，心腔细，分量足，适合长途运输，经菜农多年连续种植，商品性极佳，深受菜商青睐。单果重 800 克左右，全国各地四季露地及保护地均可栽培。可与矮小作物间作，播种期应按当地气候安排，培育壮苗，需稀植，保护地需人工授粉，抗病性强，自身抗低温弱光能力强，极耐热、耐涝，产量高，亩（1 亩 ≈ 667 平方米。全书同）产 10 000 千克左右（图 4-2-8）。

（九）亿棚金 1 号

杂交一代品种，主蔓粗，瓜码密，抗病强，长势旺，瓜色绿，瓜皮厚，抗逆性强，瓜长 35 厘米左右，横径 7 厘米左右，单果重 400 克左右，早熟性好，比同类品种提前 5~7 天上市，适合全

图 4-2-8　绿冠 3 号 F_1 苦瓜

图 4-2-9　亿棚金 1 号苦瓜

年种植，因品种表现突出，苦瓜苗价格虽然在 2.4 元 / 株左右，但近年来，山东寿光市孙家集街道、青州、昌乐等棚室苦瓜主产区的农户订苗数量很大（图 4-2-9）。

（十）至高点 397

翠绿色杂交苦瓜优良品种。长势强健，叶片厚叶色深，抗病性抗逆性强，果皮翠绿色，光泽度好，长棒形，果肩平，长短纵瘤与圆瘤相间，瓜长 35 厘米左右，直径 6~7 厘米，单瓜重 600 克左右，黑籽。货架期长，耐储运（图 4-2-10）。

（十一）至高点 308

中早熟，连续坐果能力强，产量高。植株长势强健，抗病性强，耐热耐寒，易栽培，分枝能力强，果皮翠绿色，长棒形，长短纵瘤与圆瘤相间，瓜长 35 厘米左右，直径 6~7 厘米，单瓜重 600 克左右（图 4-2-11）。

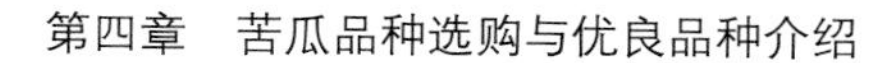

图 4-2-10　至高点 397 苦瓜

图 4-2-11　至高点 308 苦瓜

（十二）至高点 318

中早熟杂交苦瓜品种，果皮绿色有光泽，长棒形，纵瘤间珍珠瘤，瓜长 35~40 厘米，横径 6~8 厘米，肉厚约 1.2 厘米，单果重 500~800 克，耐储运，抗病性好，适合春秋保护地、露地栽培（图 4-2-12）。

图 4-2-12　至高点 318 苦瓜

（十三）最高峰 1503

大中型翠绿色杂交苦瓜优良品种。长势强健，抗病抗逆性强。果皮翠绿色，透亮有光泽，长棒形，果肩平，珍珠瘤与圆粒瘤相间，瓜长 35 厘米，瓜径 7 厘米，单果重 0.6~1.0 千克（图 4-2-13）。

（十四）最高峰 1511

白绿色苦瓜品种，早熟性好，第 7~9 节着生第一雌花，主侧蔓结瓜，雌花率高，连续坐瓜能力强，坐瓜集中，丰产。瓜呈圆柱形，珍珠瘤见突刺瘤，长 27~32 厘米，横径约 7 厘米，肉厚 1.2 厘米，单瓜重约 500 克，低温坐果性好，适合保护地越冬和春秋种植（图 4-2-14）。

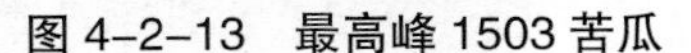
图 4-2-13　最高峰 1503 苦瓜

图 4-2-14　最高峰 1511 苦瓜

（十五）绿骑士 F_1

中早熟，连续坐果能力强，产量高。植株长势强健，抗病性强，耐热耐寒，易栽培，分枝能力强，果皮翠绿色，长棒形，长短纵瘤与圆瘤相间，瓜长 35 厘米左右，直径 6~7 厘米，单瓜重 600 克左右（图 4-2-15）。

（十六）丽秀 308 F_1

中早熟，长势强，瓜皮浅绿色，具光泽，瓜长棒形，果肩较平，圆粒瘤与长纵瘤相间。瓜长 35 厘米左右，直径 7~9 厘米，肉厚 1.1 厘米左右，单瓜重 0.6 千克左右。肉质脆，苦味适中（图 4–2–16）。

图 4–2–15　绿骑士 F_1 苦瓜

图 4–2–16　丽秀 308 F_1 苦瓜

（十七）丽秀 318 F_1

中早熟杂交苦瓜品种，果皮绿色有光泽，长棒形，纵瘤间珍珠瘤，瓜长 35~40 厘米，直径 6~8 厘米，肉厚 1.2 厘米，单瓜重 500~800 克。耐贮运。抗病性好，适合春秋保护地栽培（图 4–2–17）。

（十八）丽秀 326 F_1

翠绿色杂交苦瓜优良品种，长势强，叶片较小，果皮翠绿色，光泽度好，长棒形，果肩平，长短纵瘤与圆瘤相间，瓜长 35~40厘米，直径 6 厘米，单瓜重 600 克左右（图 4–2–18）。

图 4-2-17　丽秀 318 F_1 苦瓜

图 4-2-18　丽秀 326 F_1 苦瓜

（十九）丽秀 1511F_1

图 4-2-19　丽秀 1511F_1 苦瓜

白绿色苦瓜品种，早熟性好，第 7~9 节着生第一雌花，主侧蔓结瓜，雌花率高，连续坐瓜能力强，坐瓜集中，丰产。瓜呈圆柱形，珍珠瘤间突刺瘤，瓜长 27~32 厘米，直径约 7 厘米，肉厚 1.2 厘米，单瓜重 500 克左右，低温坐果性好，适合保护地越冬和春秋种植（图 4-2-19）。

（二十）绿博

该品种中早熟，果皮翠绿油亮有光泽，刺瘤较多，较密，果型长棒状顺直，较硬。主侧蔓均能结果，连续坐瓜能力强，坐瓜率高，采收期长，瓜长 35~40 厘米，横径 8 厘米，单瓜重 500~600 克，肉厚 1.3~1.5 厘米，心腔小，周身布满疙瘩，刺瘤丰满，抗病力强，适应性广，南北地区均可种植（图 4-2-20）。

（二十一）绿宝 F_1

由荷兰引进的一代杂交种，融汇多种苦瓜的优点，特耐低温，在 4℃低温下能正常生长，耐弱光，耐高温，在 36℃以上不影响坐果，高抗病毒病，枯萎病，白粉病，斑点病，灰霉病，根线虫病，不死秧。果实长棒形，头尾均匀，光泽油亮，绿色，刺瘤明显丰满，瓜身坚实，瓜长 35~43 厘米，横径 6.5~8.5 厘米，单瓜重 500 克以上，干脆微苦，品质上乘，商品性极佳，产量高，亩产可达 15 000 千克以上（图 4-2-21）。

图 4-2-20　绿博苦瓜

图 4-2-21　绿宝 F_1 苦瓜

（二十二）君川 801

中早熟品种，雌花多，易结果，连续结果能力强，果型美观，绿色，果瘤大小相间，果肩钝圆，长 30 厘米左右，果径 10 厘米左右，肉厚，单瓜重 500~800 克，品质优，抗病性好，耐寒，耐暑，春秋均可种植（图 4-2-22）。

（二十三）君川 802

中早熟，第 13 节始瓜，早结瓜，结瓜多，瓜长 33 厘米左右，横径6厘米以上，瓜长圆筒形，尾部略尖，浅绿色有光泽，瘤状凸起，单瓜重 500 克以上，采摘时间长产量高，品质好。春夏秋均可种植（图 4–2–23）。

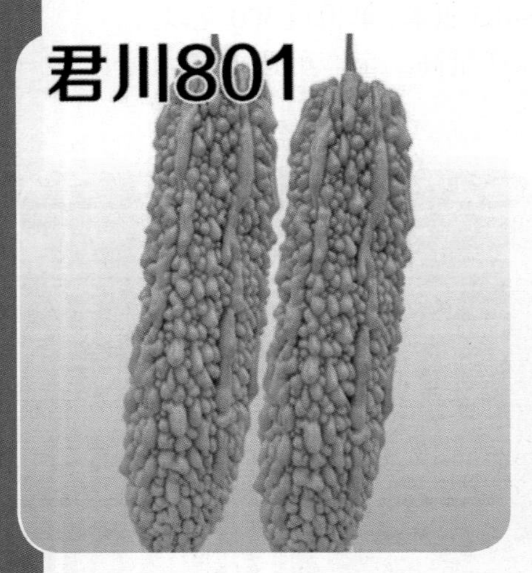

图 4–2–22　君川 801 苦瓜

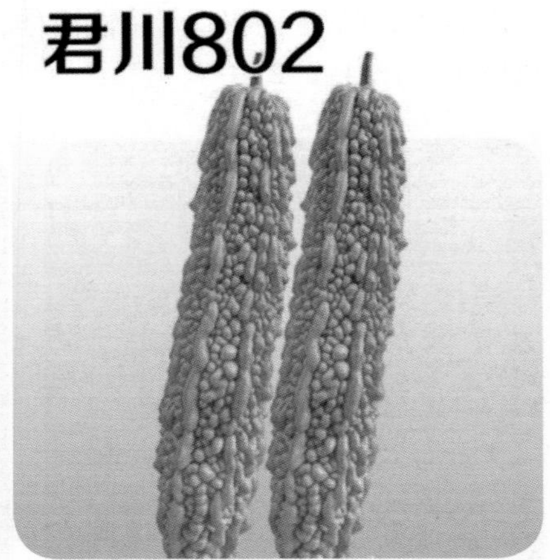

图 4–2–23　君川 802 苦瓜

（二十四）君川 803

无限生长类中熟品种，生长势强，藤蔓坚实细长，叶片偏小，浓绿，坐瓜率高，瓜圆筒形，条瘤，表皮绿色，肉厚，味甘苦，瓜长 31 厘米左右，直径 12 厘米左右，普通单瓜重 520 克左右，产量高，抗逆性强，根系发达，耐高温多湿，越夏性能强，耐低温，抗病性好，春秋均可种植（图 4–2–24）。

（二十五）君川 808

杂交苦瓜，瓜码均匀，瓜长 35~38 厘米，直径 6~7 厘米，单瓜重 500~600 克，连续坐瓜能力强，极耐运输，整齐度极好，膨瓜速度快，颜色翠绿，油亮，光泽度好，齐顶，长势旺盛，抗逆强，产量高，黄籽，适合保护地栽培（图 4–2–25）。

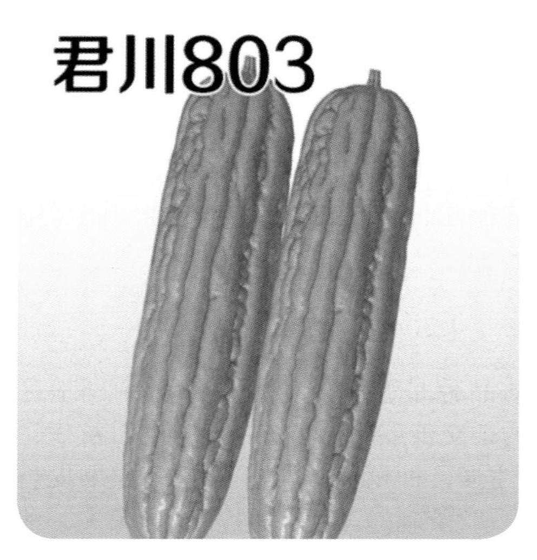

图 4–2–24　君川 803 苦瓜

图 4–2–25　君川 808 苦瓜

（二十六）绿武士

杂交苦瓜，瓜皮深翠绿色，齐头钝尾，具有杂交优势，中早熟，植株长势旺盛，主侧蔓均可结瓜，瓜果圆长柱形，翠绿色，珠瘤明显，瓜长 36~38 厘米，横径 6~7 厘米，单瓜重 500~600 克，适合保护地栽培（图 4–2–26）。

图 4–2–26　绿武士苦瓜

（二十七）绿帅

杂交苦瓜，齐头钝尾，颜色翠绿，具有杂交优势，品种主要性状：中早熟，植株长势旺盛，主侧蔓均可结瓜，瓜果圆长柱形，翠绿色，珠瘤明显，

图 4-2-27　绿帅苦瓜

瓜长 35 厘米左右，横径 6~7 厘米，单瓜重 400 克左右，适合春、秋保护地及露地栽培，适宜种植区域和季节：正常条件下播种时间是，山东、河南、江苏、安徽地区春季 3 月 20 日 ~5 月 20 日，秋季 7 月 10 日 ~9 月 20 日，陕西、山西、辽宁地区 4 月 20 日 ~6 月 20 日，以上播期要根据各地气候条件变化适时调整播种日期。生长期适宜温度 18~28℃（图 4-2-27）。

（二十八）绿龙

该品种是泰国种子公司针对中国地区研制的杂交苦瓜品种。该品种早熟，抗病，抗寒性强，种植简单，容易管理，果皮碧绿色，瓜条刺瘤丰满匀称，圆润无尖，油亮光泽度好，果型棒状顺直，尾部钝圆，果长 36~40 厘米，果径 5~6 厘米，果肉厚，果腔小，单果重 500~600 克，精品瓜多，硬度好，耐运输，产量极高，适宜大棚、拱棚种植（图 4-2-28）。

图 4-2-28　绿龙苦瓜

（二十九）绿天下

翠绿色杂交苦瓜品种，中早熟，植株长势强劲有力，抗病性强，特抗黄叶病、白粉病、炭疽病，雌花率高，连续坐果连续采收能力强，果皮翠绿色有光泽，长筒状，头尾齐，珍珠瘤，商品外观美，耐储运，坐果后果实膨大快，采收期长，瓜长 38~40 厘米，直径 6~8 厘米，果肉厚约 1.2 厘米，果皮特硬，植株不易早衰，单果重 600~1 000 克，肉质脆嫩，品质好，产量丰，

是苦瓜越冬，早春，越夏，秋延迟的优良品种（图 4–2–29）。

（三十）奥马

奥马特绿苦瓜是中早熟高产品种，叶片中等偏大，生长势旺盛，连续坐果能力强。瓜长圆棒形，圆粒瘤与多纵次瘤相间，瓜长 32 厘米左右，直径 6~7 厘米，单果重 450 克左右，瓜身坚实，肉厚空心小，商品性好，适合长途运输。瓜色特绿，光洁度特好，顶齐钝圆。综合抗病好，是山东寿光地区种植户、收货商最喜爱的品种之一，适合各茬口多种栽培方式（图 4–2–30）。

图 4–2–29　绿天下苦瓜

图 4–2–30　奥马苦瓜

（三十一）双鱼

杂交一代苦瓜，瓜码密，瓜长 30~35 厘米，直径约 57 厘米，果肉厚约 1.2 厘米，单果重 500~600 克，膨瓜快，齐顶，产量高，颜色绿，硬度好，瓜顺直，抗逆性强，抗病强，极耐运输，长势旺盛，侧蔓少，主蔓结瓜为主，黑籽，全年可以种植（图 4–2–31）。

（三十二）多绿士

多绿士珍珠瘤苦瓜是抗病高产品种，叶片小且深绿，生长势旺盛，连续坐果能力强，瓜长圆棒形，圆粒瘤与多纵次瘤相间，瓜长 32 厘米左右，直径 6~7 厘米，单果重 400 克左右，瓜身坚实，空心小，商品性好，适合长途运输。瓜色翠绿，光洁度好，齐头钝尾。适合山东，河北，河南各茬口多种栽培方式（图 4-2-32）。

图 4-2-31　双鱼苦瓜

图 4-2-32　多绿士苦瓜

（三十三）美惠 3 号

植株生长旺盛，分枝能力强，侧蔓结果为主。果实粗大、长圆锥形、肩平、瘤条粗直，油绿色、光泽好、果长 30 厘米左右，横径 7~9 厘米，单瓜重 500~600 克。果肉致密肥厚，外形美观，耐贮运，品质优，耐热，耐雨水，抗病性强。适合广东、广西、海南、福建及部分北方地区保护地种植。特别适合广东北部、西部、粤东苦瓜保护地栽培（图 4-2-33）。

图 4-2-33　美惠 3 号苦瓜

（三十四）萨奇

中早熟品种，瓜色特绿，生长势旺盛，连续坐果能力强。瓜长圆棒形，圆粒瘤与多纵次瘤相

间，瓜长36厘米左右，直径6~7厘米，单果重500克左右，瓜身坚实，空心小，商品性好，适合长途运输。瓜色翠绿，光洁度好，齐顶。抗病性能更强，适合全国多种栽培方式（图4–2–34）。

图4–2–34　萨奇苦瓜

（三十五）白玉苦瓜

台湾引进新品种，早生，早中熟，生长势强壮，瓜纺锤形，瘤纹凸起，生育强健，结果力强，不早衰，高产稳产，果实大形，腰身较丰满，大型瓜长25~26厘米，小型瓜长18~22厘米，横径约8.5厘米，重350~600克，肉厚，苦味清淡适中，口感略有甜爽，清凉生津，水分多，特别适合榨汁饮用，遮光后皮更为洁白娇艳，可在幼果拇指长时套黑袋遮光，可爱诱人，因此有白玉苦瓜之称。目前这种用来榨汁的白苦瓜在市场上很受欢迎，全身呈乳白或纯白色，肉质晶透，脆爽，甘甜。像白玉雕刻一样，纹路特别深，生长周期为70天，抗病能力强，耐储藏，属于高档杂交一代优良品种，早熟性极佳，结果后一周左右即可开始分批采收，连续坐果极强，可陆续采收6个月之久，产量特高，春夏陆地栽培，每亩定植200株左右，产量可达7 500~10 000千克，适应性强，春、秋，冬春保护地均可种植，种植效益极高，市场广阔（图4–2–35）。

图4–2–35　白玉苦瓜

图 4-2-36　早生翠妃苦瓜

（三十六）早生翠妃

台湾优质早熟杂交黑苦瓜新品种。表皮呈黑绿，是所有苦瓜中颜最深的，故称黑苦瓜。黑苦瓜的最大特点就是苦味淡、果肉脆，瓜长 30 厘米左右，果径 6 厘米左右，平均瓜重 500 克左右。开花后一周左右就能采摘上市，不仅长得快，采摘期也长达 5 个多月，与普通苦瓜相比，增产达 50%。集抗病、抗逆性、高产于一身，具备强大的根系群，有超强的吸水能力，植株表现终身不早衰、强分叶，对环境的适应能力较强，既能抗高温，也能耐低温，露地栽培或保护地栽培都能获得丰产，而且管理简单。口感好、苦味淡，营养丰富，既可生吃，也可以做成各种可口的菜肴和饮品，无论在餐厅还是在超市，均很受消费者的欢迎（图 4-2-36）。

图 4-2-37　绿星苦瓜

（三十七）绿星

该品种是“新农村”与野生苦瓜杂交的高产、抗病、耐运、早熟苦瓜，由美国专家结合“新农村”和野生苦瓜杂交培育而成，由传统苦瓜经过多次杂交试验改良而成，兼具高产和抗病性强的特点。极早熟，从定植到收获约 55 天，单瓜重 350~450 克，瓜条顺直长棒形，刺瘤丰满、排列整齐，瓜把钝圆，瓜色翠绿，果实整齐度好，光泽度好，商品率高。根系特别发达，植株生长势强，主侧蔓均能结瓜，采收期长，每亩产量可达 20 000 千克以上。适合长途运输，品质上乘，是蔬菜客商青睐的理想品种（图 4-2-37）。

（三十八）绿宝 F_1

荷兰引进一代杂交种，融汇多种苦瓜的优点，特耐低温，在4℃低温下能正常生长，耐弱光，耐高温，在36℃以上不影响坐果，高抗病毒病、枯萎病、白粉病、斑点病、灰霉病、根线虫病，不死秧。果实长棒形，头尾均匀，光泽油亮，绿色，刺瘤明显丰满，瓜身坚实，瓜长35~43厘米，横径6.5~8.5厘米，单瓜重500克以上，干脆微苦，品质上乘，商品性极佳，产量高，每亩产量可达15 000千克以上（图4–2–38）。

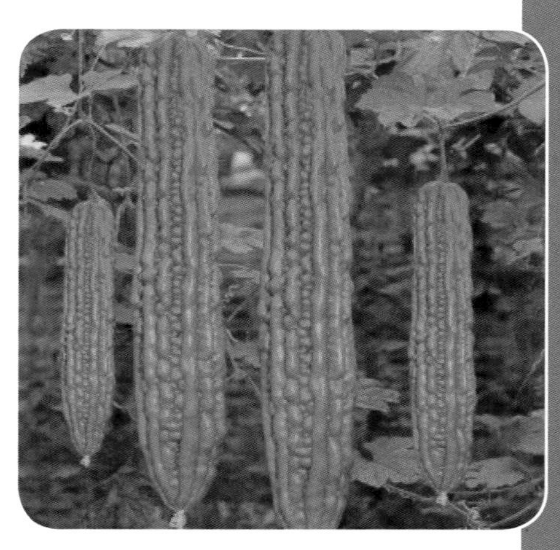

图4–2–38　绿宝 F_1 苦瓜

（三十九）绿秀

早生杂交苦瓜，坐果率高，连续结果力特强，产量高。植株生长旺盛，抗病力强，耐热，耐寒，适应性广，易栽培，分枝力强，需稀植，每亩栽200~250株为宜，果长约35厘米，横径8~10厘米，瓜型修长，中部稍宽，果皮翠绿色，有光泽，长短瘤相间，肉厚约1.5厘米，单果重500~800克。口感好，品质优良，适宜栽培温度在16~35℃（图4–2–39）。

图4–2–39　绿秀苦瓜

（四十）天一

中熟，从定植到收获约55天，田间综合表现突出，专业保护地育种，纯度更高，商品性优良，植株叶片中等，浓绿色，

图 4-2-40 天一苦瓜

长势旺盛，连续坐果性强，植株耐热性好，高抗病毒病，低温下坐果优良，商品瓜皮呈鲜艳的浓绿色，瓜长 35 厘米左右，直径 5~7 厘米，果重 350~400 克，表面刺瘤均匀突出，刺的表面为钝圆角，耐长途运输，适合多种栽培方式，果实整齐度极好，商品率极高。深受出口基地和菜农喜爱。颜色亮绿、顶齐尾钝、肉厚、质硬、果重 500 克、瘤状美观、抗病高产（图 4-2-40）。

（四十一）统一

极早熟，易坐果，瓜多且连续坐瓜能力强，瓜亮绿有光泽、瓜条匀称顺直，果长 33~40 厘米，直径 6~8 厘米，果重 400~500 克，肉厚、肉质紧实，硬度强，耐运输，抗病高产（图 4-2-41）。

图 4-2-41 统一苦瓜

图 4-2-42 伟一苦瓜

（四十二）伟一

早熟、易栽培，坐瓜能力强，果实翠绿油亮，有光泽，外形美观，长短瘤相间，生长速度快，生长势旺，瓜型修长，果长 35~37 厘米，直径 8~9 厘米，果重约 600 克，抗病高产，肉厚耐储运（图 4-2-42）。

（四十三）正一

早熟杂交一代苦瓜、植株健壮，果实翠绿油亮，外形美观周正、生长速度快，坐果率高，果长 34~36 厘米，直径 6~8 厘米，果重 450~500 克，抗病高产，肉厚硬度强，耐储运（图 4-2-43）。

图 4-2-43　正一苦瓜

（四十四）苹果苦瓜

台湾新育成苹果苦瓜品种，外形如苹果，晶莹剔透，让人爱不释手，生吃苦中带甜，冰镇后更甜，有水梨般爽脆多汁的口感，顾客反映吃过这种苦瓜不愿再吃其他品种的苦瓜，由于口感好，不用开水焯，食用方便。特早熟，株高 1 米左右开花，移栽后 60 天采摘，单瓜平均重 500 克，瓜码密实，果实均匀一致，几乎无畸形瓜，长势稳定，管理得当，2 米长的藤蔓结瓜 10 余个，每亩栽 300 株，产量达 4 000 千克左右。苹果苦瓜种皮比一般苦瓜种皮较薄，一般 2~3 天芽即可出齐。水果苦瓜出苗前白天温度保持在 25~30℃，夜间为 18~22℃为宜。水果苦瓜幼苗出土后，注意要降低温度防止徒长，且利于雌花出现。白天保持在 20~25℃，夜间保持在 15~18℃。苹果苦瓜开花结果期适于 20℃以上，以 25℃左右为适宜。15~30℃的范围内温度越高，越有利于苹果苦瓜的生育，结果早，产量高，品质也好。但是，30℃以上和 15℃以下对苦瓜的生长结果不利（图 4-2-44）。

图 4-2-44　苹果苦瓜

图 4–2–45　优美 F_1 苦瓜

（四十五）优美 F_1

荷兰引进，早熟性强，生长旺盛，比一般品种早上市 10 天左右，产量极高，商品性佳，颜色翠绿，瓜呈长棒形，瓜长 36~42 厘米，直径 8 厘米左右，空心极小，瓜身坚实，刺瘤多，单果重 500~600 克，甘脆微苦，品质上乘，每亩栽 800 株左右，比其他品种产量高 20% 左右。高抗叶霉病、枯萎病，是早春大棚、秋延迟及春露地种植最理想的品种（图 4–2–45）。

（四十六）土财主

台湾引进，田间综合表现突出，商品性优，长势旺，连续坐果力强，叶片中等，浓绿色，高抗病毒病、白粉病、叶梅病，商品瓜呈鲜艳深绿色，齐顶，瓜长 35 厘米左右，直径 5~8 厘米，单果重 500 克左右，瓜长圆棒形，瓜身紧实，适合多种栽培方式，是近年较为流行的优势品种，秋冬及早春栽培（图 4–2–46）。

图 4–2–46　土财主苦瓜

（四十七）一品绿

台湾引进，新育成的绿色杂交苦瓜品种，该品种长势极旺，抗病性强，连续采收能力强，果皮绿色，透亮有光泽，果肩较平，长筒状，短纵瘤与圆粒瘤相间，商品外观美，商品瓜在 35 厘米左右，瓜径 6~8 厘米，单果重 0.6~0.9 千克，果实膨大极快，耐运输，植株不易早衰，采收期长，产量特高，是绿色苦瓜的优秀品种，适合秋冬及早春栽培（图 4–2–47）。

（四十八）大跃进

台湾引进，最新育成的翠绿色杂交苦瓜品种，该品种植株生长强健有力，果色深绿色，有光泽，坐果力强，长桶状，圆粒瘤和短纵瘤相间，商品外观好，适时采收长 33~38 厘米，瓜径约 8 厘米，单果重 0.6~0.9 千克，肉质脆嫩。苦味适中，品质极佳、适应性广，栽培区域广泛，抗病性强，耐低温，抗热耐湿，耐贮存，植株不易早衰。采收期长，高产（图 4-2-48）。

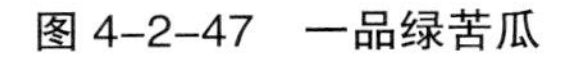

图 4-2-47　一品绿苦瓜

图 4-2-48　大跃进苦瓜

（四十九）胜先锋 F_1

杂交一代黑籽苦瓜新品种，中早生，坐果率高，果皮深翠绿色，有光泽，果实圆筒状，圆粒瘤和短纵瘤相间，适时采收瓜长 30~40 厘米，瓜径约 6 厘米，单果重 500 克左右，条形顺直，果肉厚，硬度好，抗病性强，高抗白粉病、叶斑病，耐低温，抗热，耐湿，耐贮运，植株不易早衰，采收期长，高产（图 4-2-49）。

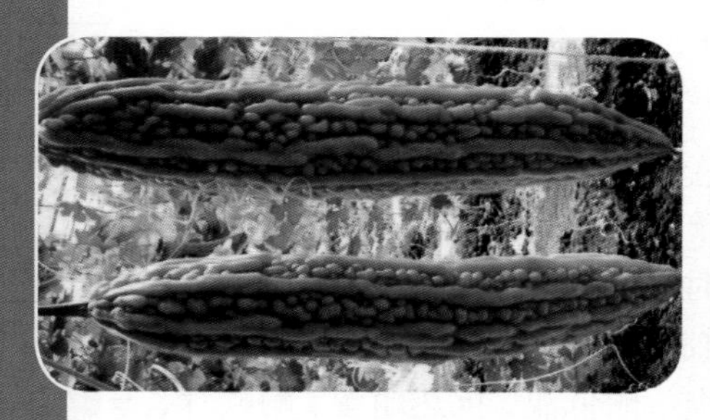

图 4-2-49　胜先锋 F1 苦瓜

（五十）新超越

国外引进，杂交一代，早熟，纯度高，芽率好，高抗病，耐寒耐湿抗热，花多坐果率高，雌花多，持续坐果力优秀，采收期长，产量高，产量高出常规种子 50% 以上，成品瓜 35~38 厘米，瓜径 6~7 厘米，单果重 600~700 克，翠绿色，圆粒瘤与条瘤相间，瓜长圆筒形，心腔小，硬度大，口感好，品质优，适应性广，采大瓜、小瓜卖都可以，亮度极高，市场上好卖，客商收购积极性高（图 4-2-50）。

图 4-2-50　新超越苦瓜

（五十一）美国绿

该品种系美国苦瓜专家杂交育成，极早熟，比当地"疙瘩绿"早熟 7~8 天，瓜长 30~40 厘米，直径 6 厘米，单瓜重 500 克左右，果实呈圆筒形，丰满、顺直、刺瘤排列整齐，果肉厚、硬度好，口感佳，果皮翠绿色，光泽鲜亮，美观，植株长势强，耐低温、抗高温，抗病能力特强，整个生长期打药少，用工少，连续坐瓜能力强，每亩产量高达 10 000 千克以上。此品种近年来在寿光孙家集街道周石村、孙集村、贾家庄子村、二甲村、边线王村、文家街道赵家村、洛城街道李家庄村等苦瓜产区种植面积较大，产量是其他品种的 1.5 倍左右，每 500 克多卖 0.3~0.5 元钱。每亩面积棚室比其他品种多卖 7 000~8 000 元（图 4-2-51）。

图 4-2-51　美国绿苦瓜

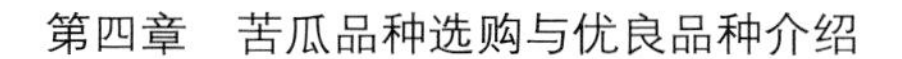

（五十二）绿玛丽 F_1

国外引进，三系杂交苦瓜优良品种。中早熟，植株长势强，抗病性强，耐热，耐寒，连续坐果能力强，果皮绿色，有光泽，耐贮运，果实膨大迅速，适时采收瓜长 40 厘米左右，单果重 600~1 000 克。果质脆嫩，品质佳，适合苦瓜基地大面积推广栽培（图 4–2–52）。

图 4–2–52　绿玛丽 F_1 苦瓜

（五十三）荷兰翠绿 F_1

极早熟，喜湿耐热，翠绿色，瓜把圆顶，侧枝结瓜为主，瓜码较密，瓜型为圆顶长棒形，瓜棱分布均匀，平滑丰满，肉质坚实耐贮运，瓜长 35~45 厘米，直径 6~8 厘米，单瓜重 500 克左右，适合大棚保护地周年栽培，味苦翠香，肥水充足的条件下产量特高，比常规品种常量高出 2/3（图 4–2–53）。

图 4–2–53　荷兰翠绿 F_1

（五十四）香帅 140

杂交一代苦瓜，中早生，坐果率高，果皮深绿色，有光泽，长筒状，圆粒瘤和短纵瘤相间，适时采收瓜长 40 厘米左右，单果重 600~1 000 克，栽培区域广泛，抗病性强，耐低温，抗热，耐湿，耐贮运，植株不易早衰，采收期长，高产（图 4–2–54）。

（五十五）巨丰翠绿

本品种亲本由美国引进，经优化组合产生的一代杂交种，融汇了多种苦瓜生长的优点，形成多种抗病性，自身抗低温、弱光，能力强，极耐热、耐涝，喜大肥，大水，产量高，每亩产量 8 000 千克左右，商品瓜皮绿色，瓜型圆棒形，长 30~40 厘米，直径 6~8 厘米，瓜身坚实，空心极小，适合长途贩运，单瓜重 500 克左右，商品性极佳，周身布满疙瘩，刺瘤丰满，微苦，甘脆，受到菜农和客商欢迎（图 4–2–55）。

图 4–2–54　香帅 140 苦瓜

图 4–2–55　巨丰翠绿苦瓜

（五十六）绿宝石一号

该品种植株长势强，瓜码密，瓜条顺直，颜色亮绿，光泽度好，尾部钝圆，瓜腔小、果实长 36~38 厘米，果径 6~8 厘米，单果重 500 克左右，果肉厚，硬度好，耐储运，商品性好。抗病能力强，不早衰，膨瓜速度快，产量高，连续结果能力强，是苦瓜种植区域的优良品种（图 4–2–56）。

（五十七）绿先锋

该品种由荷兰引进，三系杂交的新品种。果实嫩绿色，刺瘤多密，圆润无尖，油亮光泽多好，果型棒状顺直，尾部钝圆，果实长40厘米左右，果径6~8厘米，果肉厚，果腔小，单果重500克左右，精品瓜多，硬度好，耐储运。高抗病，耐黄叶病、白粉病、病毒病。定植后45天左右即可收获，不早衰，可持续采瓜6个月以上，产量超高，同期是寿光常规品种的1.2~1.5倍，亩产8 000千克左右。耐低温弱光，耐热，耐涝。喜大肥大水，产量高（图4–2–57）。

图4–2–56　绿宝石一号苦瓜

图4–2–57　绿先锋苦瓜

（五十八）泰国绿

杂交选育的齐顶新品种，中熟，从定植到收约55天，田间综合表现突出，专业保护地育种，纯度更高，商品性优良，植株叶片中等，浓绿色，长势旺盛，连续坐果性强，植株耐热性好，高抗病毒病、白粉叶霉病，低温下坐果优良，商品瓜皮呈鲜艳的

图 4-2-58　泰国绿苦瓜

浓绿色，瓜长 35 厘米左右，直径 4~6 厘米，果重 350 克左右，表面刺瘤均匀突出，刺的表面为钝圆角，耐长途运输，适合多种栽培方式，果实整齐度好，商品率高（图 4-2-58）。

（五十九）好运来

新育成一代杂交黑籽苦瓜优良品种，早熟性突出，采收期长，丰产性好，抗病性强。植株长势旺盛，雌花率高，连续坐果能力强，果型近圆柱形，果肩平，圆粒瘤与短纵瘤相间，瘤状清晰，瓜皮颜色油亮翠绿，果实整齐度好，商品外观佳。果长 35 厘米左右，果直径 6~8 厘米，单果重 800 克左右，果肉厚 1.2 厘米左右，硬度好，耐贮运、商品货架期长，适合长途运输，适应性广，耐热，耐湿，耐低温，肉质脆嫩，苦味适中，品质超群，是蔬菜种植基地及消费者青睐的苦瓜精品。适合拱棚、露地及冬暖式大棚栽培。一般每亩栽培 400~500 株（图 4-2-59）。

图 4-2-59　好运来苦瓜

（六十）好运女神

杂交一代苦瓜优质品种，中早熟，植株长势强壮，连续坐果能力强，不早衰，采收期长，产量高，瓜直径 6~7 厘米，瓜长 35~40 厘米，单果重 600~700 克，瓜型整齐度好，丰满顺直，圆瘤与纵瘤清晰，瓜皮颜色油亮翠绿，商品性极佳，腔小肉厚耐储运，货架期长，适应性广，耐热耐低温。综合抗病性强。肉质脆嫩，苦味适中（图 4-2-60）。

（六十一）农场主

杂交一代黑籽苦瓜优良品种，早熟性突出，丰产性好，抗病性强。强雌性，分枝能力强，主侧蔓结瓜，植株生长旺盛，连续坐果能力强，采收期长，产量高。果长 36~40 厘米，肉厚 6~8 厘米，肉厚约 1 厘米，单果重 500~700 克。果型近圆柱形，齐顶，尾部钝圆，圆粒瘤与短纵瘤相间，瘤状清晰，瓜皮颜色油亮翠绿，果实整齐度好，商品性极佳。硬度好，耐贮运、商品货架期长。适应性广，耐热，耐湿，耐低温，肉质脆嫩，苦味适中（图 4–2–61）。

图 4–2–60　好运女神苦瓜

图 4–2–61　农场主苦瓜

（六十二）绿如意

杂交一代翠绿苦瓜优良品种，该品种早熟性突出，分枝能力强，主侧蔓结瓜，连续坐果能力强，采收期长，产量高。果型近圆柱形，齐顶，尾部钝圆，圆瘤与纵瘤相间，瘤状清晰，瓜皮颜色翠绿有光泽，果实整齐度好，商品性极佳。果长 35~38 厘米，果径 7~9 厘米，肉厚约 1.2 厘米，单果重 600~800 克。硬度好，耐贮运、商品货架期长。适应性广，耐热，耐湿，耐低温，肉质脆嫩，苦味适中（图 4–2–62）。

（六十三）好运 99

杂交一代黑籽苦瓜优良品种，该品种早熟性突出，连续坐果能力强，采收期长，产量高，丰产性好。果型近圆柱形，果肩平，圆粒瘤与短纵瘤相间，瘤状清晰，瓜皮颜色油亮翠绿，果实整齐度好，商品外观佳。果长 36~42 厘米，果直径 7~9 厘米，单果重 800~1 000 克，果肉厚 1.2 厘米左右，硬度好，耐贮运，适应性广，耐热，耐湿，耐低温，肉质脆嫩，苦味适中（图 4-2-63）。

图 4-2-62　绿如意苦瓜

图 4-2-63　好运 99 苦瓜

（六十四）白雪公主

台湾引进的杂交一代品种，中早熟，植株蔓生，连续坐果极强，产量特高，果长 20~22 厘米，最粗部分径约 6~7 厘米，重 300~600 克，瓜型漂亮，色泽艳丽，表皮棱状突出，果皮乳白色，肉厚，苦味清淡适中，口感略有甜爽清凉生津，水分多，遮光后皮色更为洁白娇艳，可在幼果拇指长时套黑袋遮光，适应性强，春夏陆地栽培，春、秋，冬保护地均可种植（图 4-2-64）。

图 4-2-64　白雪公主苦瓜

（六十五）绿丰

杂交一代新品种，中早熟，从定植到收约 55 天，田间综合表现突出，专业保护地育种，纯度更高，商品性优良，植株叶片中等，浓绿色，长势旺盛，连续坐果性强，植株耐热性好，高抗病毒病、白粉叶霉病，低温下坐果优良，商品瓜皮呈鲜艳的浓绿色，瓜长 35 厘米左右，直径 4~6 厘米，果重 350~400 克，表面刺瘤均匀突出，刺的表面为钝圆角，果实整齐度好，商品率高，适合长途运输。适合拱棚、露地及冬暖式大棚栽培（图 4–2–65）。

图 4–2–65 绿丰苦瓜

图 4–2–66 潍科 101 苦瓜

（六十六）潍科 101

杂交一代新品种，生长势旺，易栽培，坐果能力强，瓜型修长，长短瘤相间，瓜长约 34 厘米，横径 6~7 厘米，单瓜重约 600 克，瓜色翠绿有光泽，抗病，产量极高，适宜早春、越夏种植（图 4–2–66）。

（六十七）潍科 102

杂交一代新品种，新育成抗病高产品种，生长势旺，瓜长约 34 厘米，横径 5 厘米左右，单瓜重约 400 克，瓜色翠绿有光泽，肉质紧实，耐运输（图 4–2–67）。

图 4–2–67 潍科 102 苦瓜

图 4-2-68　潍科 103 苦瓜

（六十八）潍科 103

杂交一代新品种，生长势旺，极早熟，易坐果且连续坐果能力强，瓜型修长，长短瘤相间，瓜长约 33 厘米，横径约 5 厘米，单瓜重约 400 克，瓜色翠绿有光泽，肉质紧实，耐运输，产量极高（图 4-2-68）。

（六十九）金丰

提纯复壮后所产生的一代优质苦瓜品种，瓜色浓绿，长短相间疙瘩刺瘤，心腔细小，瓜身坚实、耐运。瓜型长棒形，长度 36~38 厘米、直径 6 厘米左右，单瓜重 500~600 克，甘脆、微苦、商品性佳，高抗病毒病、白粉病、枯萎病、灰霉病、根结虫病，不死秧（图 4-2-69）。

图 4-2-69　金丰苦瓜

（七十）美王绿剑二号

图 4-2-70　美王绿剑二号苦瓜

在原美王绿剑育种的基础上选育而成，颜色浓绿，刺瘤多、品质佳，早熟性突出，始收期可比原美王剑绿早 10~15 天，总产量高 10% 以上。商品性特优，商品瓜皮浓绿色，瓜呈长棒形，瓜长 35 厘米左右，直径 6 厘米左右，瓜身坚实，空心极小，适合长途运输，单瓜重 500 克左右，周身布满疙瘩，刺瘤丰满，微苦、甘脆。综合抗性好。高抗叶霉病和枯萎病、灰霉病，耐热性好。适合日光温室，大棚春提早，秋延后及春露地，越夏栽培（图 4-2-70）。

（七十一）美冠绿剑王

由美国引进，高抗病，生长旺盛，丰产，对气候、温度、光照适应性广，果色嫩绿，表面有疙瘩刺瘤，心腔细小，呈圆棒形，长 32~42 厘米，直径 6~8 厘米，单果重约 500 克，商品性极佳（图 4-2-71）。

图 4-2-71 美冠绿剑王苦瓜

（七十二）美绿 A2

黄籽，小叶，植株蔓生，生长势强，瓜码密，分枝少，颜色绿，有光泽，瓜长 34 厘米，膨瓜速度快，产量高，瓜条顺直，精品率高，一致性好，次品瓜少，抗逆性强，抗白粉病等多种病害（图 4-2-72）。

图 4-2-72 美绿 A2 苦瓜

（七十三）美绿 A3

黄籽，植株旺盛，生长势强，瓜码密，膨瓜速度快，连续坐果能力强，产量高，果实长棒形，颜色绿，瓜长 35 厘米，表面刺瘤均匀突出，瓜型优美，顺直整齐，精品率高，商品性好，具有很强的抗逆抗病性（图 4-2-73）。

图 4-2-73 美绿 A3 苦瓜

（七十四）美绿 A4

黑籽，植株蔓生，生长势强，茎蔓粗壮，瓜码密，膨瓜速度快，连续坐果能力强，产量高，果实长棒形，颜色绿，瓜长 35 厘米，表面刺瘤均匀突出，果实整齐度好，精品

率高，商品性佳，耐运输，具有很强的抗逆抗病性（图 4–2–74）。

（七十五）美绿 A5

黑籽，植株旺盛，生长势强，分枝力强，膨瓜速度快，产量高，果实长棒形，颜色绿，瓜长 33 厘米，抗逆性强，抗白粉病等多种病害（图 4–2–75）。

图 4–2–74　美绿 A4 苦瓜

图 4–2–75　美绿 A5 苦瓜

（七十六）美绿 A6

黄籽，植株旺盛，生长势强，膨瓜速度快，产量高，颜色绿，瓜长 33 厘米，抗逆性强，抗白粉病等多种病害（图 4–2–76）。

（七十七）绿元帅

杂交苦瓜优良品种，瓜皮翠绿色，长势强，光泽度好，长棒

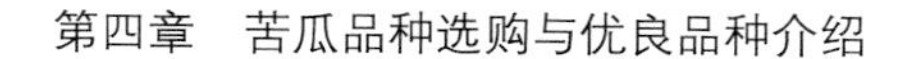

形，长短纵瘤与圆瘤相间，瓜长35~40厘米，直径6厘米，单瓜重600克左右（图4-2-77）。

图4-2-76　美绿A6苦瓜

图4-2-77　绿元帅苦瓜

（七十八）长绿苦瓜

用大绿苦瓜与白苦瓜经杂交筛选而成，从种至收60~70天。茎细而多分枝，叶绿色，掌状七裂。瓜粗长呈长纺锤形，单瓜重300~500克，瓜表面有不规则瘤状凸起，瓜皮青绿色、肉厚、籽少、青熟瓜肉质脆嫩，苦味适中，品质好，耐热性强，病虫害少（图4-2-78）。

图4-2-78　长绿苦瓜

（七十九）长绿2号

杂交一代品种，植株生长势和分枝性强，叶片绿色。从播种至始收春季75天、秋季51天，延续采收期春季33天、秋季36天，全生育期春季108天、秋季

87天。瓜长圆锥形，瓜皮绿色，条瘤（图4–2–79）。

（八十）优丰一号

早熟杂交苦瓜品种，植株生长旺盛，连续结果能力强，果肩平圆，果皮碧绿有光泽，长短纵瘤相间，商品外观美，适时采收瓜长35~40厘米，瓜径6~7厘米，单果重500~700克，适应性广，抗病性强，耐低温，抗热，耐湿，耐贮运，商品货架期长。植株不早衰，采收期长，产量高（图4–2–80）。

图4–2–79　长绿2号苦瓜

图4–2–80　优丰一号苦瓜

（八十一）绿雅八号

杂交选育的中熟品种，从定植到收获约55天，植株叶片中等，浓绿色，长势旺盛，连续坐果性强，植株耐热性好，高抗病毒病、白粉叶霉病，低温下坐果优良，商品瓜皮呈鲜艳的浓绿色，瓜长35厘米左右，直径4~6厘米，果重500克左右，表面刺瘤均匀突出，刺的表面为钝圆角，耐长途运输，适合多种栽培方式，果实整齐度好，商品率高（图4–2–81）。

（八十二）凯琳达

早熟杂交苦瓜品种，植株生长旺盛，连续结果及果收能力强，

雌花率高，果皮碧绿色，透亮有光泽，果身长短纵瘤相间，果肩平，商品外观美，果实膨大迅速，适时采收瓜长 33~36 厘米，瓜径 6~8 厘米，单果重 600~900 克。瓜腔无硬质纤维层，苦味适中，品质适中，品质佳，适应性广，抗病性强，耐低温，抗热，耐湿，耐贮运，植株不易早衰，采收期长，产量高（图 4-2-82）。

图 4-2-81　绿雅八号苦瓜

图 4-2-82　凯琳达苦瓜

（八十三）秘格

杂交一代早熟品种，瓜长 35~40 厘米，果径 6~8 厘米，单果重 600 克左右。品质优良，棒状瓜条，顺直，齐头，钝尾，果肉厚，硬度好，口感佳，瓜色油绿，光泽度好。长势旺，坐瓜率高，瓜码密，产量高，不早衰，抗病性强。早春秋延均可栽培，适宜北方保护地栽培（图 4-2-83）。

（八十四）新美玉 F_1

早熟、生长壮旺，分枝力强，主侧蔓结瓜，膨果快，采收期长、

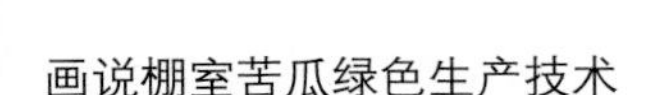

产量高。实收瓜长 30~40 厘米，横径 7~9 厘米，单瓜重 400~600 克，瓜色翠绿、圆筒状、顺直、抗病性强、坐果密。全国地区露天、保护地均可种植（图 4-2-84）。

图 4-2-83　秘格苦瓜

图 4-2-84　新美玉 F_1 苦瓜

图 4-2-85　新达美 F_1 苦瓜

（八十五）新达美 F_1

早熟，生长壮旺，分枝力强，主侧蔓节瓜，膨果快，返花力强，采收期长，产量高。适收瓜长 30~40 厘米，横径 7~9 厘米，单果重 500~600 克，瓜色翠绿、圆筒形、顺直、丰满。抗病性强，在出现苦瓜黄叶、病毒、死棵的地方表现正常，坐瓜力强势，几乎节节有瓜，每亩产 2 万千克，商品性佳（图 4-2-85）。

（八十六）雅绿 F_1

果皮亮绿色，刺瘤多密圆润无尖，油亮有光泽，果型棒状顺直，尾部钝圆，果

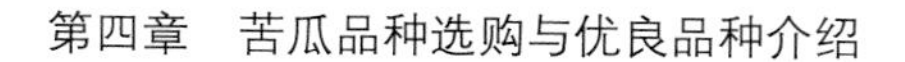

长 35 厘米左右，果径 5~6 厘米，果肉厚，果腔小，单瓜重 400 克以上，硬度好，耐储运。该品种极耐黄叶病、病毒病。定植后 45 天左右即可采收。前期产量突出，可持续采瓜 6 个月以上，产量高（图 4-2-86）。

图 4-2-86　雅绿 F_1 苦瓜

（八十七）玛雅 028

棒状瓜条，田间表现整齐，平头，钝尾，瓜色油绿。中熟品种，长势旺，后期不早衰，条带状瓜瘤和珍珠状瓜瘤间隔分布。平均瓜长大于 40 厘米，单瓜重 800 克左右，商品率高，耐储运（图 4-2-87）。

图 4-2-87　玛雅 028 苦瓜

（八十八）玛雅 018

是针对山东地区研制的进口杂交苦瓜品种，该品种果皮嫩绿色，刺瘤多密，圆润无尖，油亮有光泽，果型棒状顺直，尾部顿圆，果长 35~40 厘米，果径 5~6 厘米，果肉厚，果腔小，单瓜重 500 克左右，硬度好，耐储运。该品种高抗病，极耐黄叶病、白粉病、病毒病。定植后 45 天左右即可采收，不早衰，可持续采果 6 个月以上，产量高（图 4-2-88）。

图 4-2-88　玛雅 018 苦瓜

图 4-2-89 娜瓦蒂苦瓜

（八十九）娜瓦蒂

杂交一代早熟品种，长势旺，棒状瓜条，齐头，钝尾，瓜色油绿。瓜长 35~40 厘米，单瓜重 600 克左右，产量高，不早衰，抗病力强。早春秋延均可种植，适于北方保护地栽培（图 4-2-89）。

（九十）世纪丰

一代杂交品种，早熟性突出，植株长势旺盛，连续坐果能力强，果型近圆柱形，瓜条颜色油亮翠绿，果实整齐度佳，瓜皮刺瘤为钝圆角排列整齐，果肉厚，硬度好，口感佳，瓜长 30 厘米左右，果直径 6 厘米左右，单果重约 450 克。抗病能力强，抗逆性强，在低温、高温状况下，连续坐果能力强，适合长途运输（图 4-2-90）。

图 4-2-90 世纪丰苦瓜

（九十一）冠星

杂交一代苦瓜品种，瓜条翠绿色，圆粒瘤与短纵瘤相间，光泽度好。品种早熟性好，雌花多，瓜码密，抗病性强，低温、高温下产量高，果长 40 厘米左右，肉厚，硬度高，单果重 350~380 克。植株长势强劲，果实膨果速度快，苦味适中，品质好（图 4-2-91）。

图 4-2-91 冠星苦瓜

（九十二）大顶油 738

图 4-2-92　大顶油 738 苦瓜

经多年改良选育而成的苦瓜新品种，适宜外贸出口。果实圆锥形，果实长 15 厘米，肩宽 10 厘米，皮色翠绿有光泽，瘤条状凸起粗直，肉厚汁多。早熟，主侧蔓均可结瓜，较耐寒、耐热、耐肥、抗病性强。南方地区以春、夏、秋三季播种为宜，北方地区以春播为主（图 4-2-92）。

二、其他地区品种

（一）扬子洲苦瓜

江西省南昌市地方品种，南昌市郊区有栽培。植株攀缘生长，分枝力强，叶掌状深裂。单性花，雌雄同株。主蔓第 20 叶节左右着生第 1 雌花。瓜长棒形，长 53~57 厘米，横径 7~9 厘米；外皮绿白色，具大而稀疏的瘤状凸起；肉厚 1.3~1.9 厘米，质脆嫩，苦味淡，品质优良。单瓜重 750 克左右。中熟，生长期 110 天左右。适于春夏季栽培，每亩产 2 000~2 500 千克。

（二）雅安大白苦瓜

四川省雅安市地方品种，雅安市郊区及四川省部分地区有栽培。植株攀缘生长，分枝力强，叶掌状深裂。第 1 雌花着生于主蔓第 14~17 叶节，此后每隔 2~4 叶节着生一雌花。瓜长棍棒形，长 48~53 厘米，横径 4~6 厘米；外皮白色，密布瘤状凸起；肉厚 0.5~0.8 厘米，白色，质脆，味微苦。单瓜重 350 克左右。耐涝、抗病。适于春夏季露地栽培。每亩产约 2 000 千克。

（三）长白苦瓜

又名株洲 1 号苦瓜，由湖南省株洲市农业科学研究所育成，湖南省各地均有栽培。植株攀缘生长，生长势强，分枝性强，叶

掌状5裂。第1雌花着生于第17叶节左右，此后连续2~3叶节或每隔3~4叶节出现一雌花。瓜长筒形，长70~100厘米，横径5.4~6.5厘米外皮绿白色，密布瘤状凸起，肉厚0.8厘米左右，质脆嫩，味微苦，品质好。单瓜重300~650克，最大1 500克，中熟。耐热、耐肥，抗病性强。较稳定、高产。适于春夏季露地栽培。每亩产3 000~3 500千克。

（四）大白苦瓜

由湖南省农业科学院园艺研究所育成，南方各地均有栽培，北方也有引种。植株攀缘生长，生长势强。瓜长筒形，长60~66厘米；外皮白色，肉厚；种子少，品质优良。大白苦瓜中熟。耐热、丰产。适于春、夏季栽培。

（五）蓝山大白苦瓜

由湖南省蓝山市育成，蓝山市郊区有栽培。植株攀缘生长，分枝性强，叶掌状5裂，主蔓第10至第12叶节着生第1雌花，此后可连续或隔一叶节着生一雌花。瓜长圆筒形，长50~70厘米，最长90厘米，横径7~8厘米，最大10厘米外皮乳白色，有光泽，并具大而密的瘤状凸起；品质优良。单瓜重0.75~1.75千克，最大2.5千克以上。抗病力极强，适应性很广，丰产。适于春、夏季露地栽培。

（六）大顶苦瓜

广东省广州市地方品种，广州市郊区有栽培，广东省及南北各地也有种植。植株攀缘生长，分枝力强叶掌状5~7深裂。单性花，雌雄同株，主蔓第8~14叶节着生第1雌花，此后每隔3~6叶节着生一雌花。瓜短圆锥形，长约20厘米，肩宽11厘米左右；外皮青绿色，具不规则的瘤状凸起，瘤粒较粗；肉厚1.3厘米左右，较少苦味，品质优良。单瓜重250~600克较耐寒、耐瘠薄，具较强抗逆性，耐贮运。适于春季露地栽培。每亩产1 500千克左右。

（七）夏丰苦瓜

由广东省农业科学院经济作物研究所育成，广州市郊区有栽培，广东省各地也有种植。植株攀缘生长，生长强，分枝力中等。主蔓第1雌花着生节位较低，主侧蔓着生雌花均多，平均单株坐瓜数3.6个。瓜长圆锥形，长22厘米左右，肩宽约5.4厘米；外皮浅绿色，具条纹和相间的瘤状凸起；肉厚约0.81厘米，品质中等。单瓜重200~220克，早熟。具有较强的耐热性和耐霜霉病、白粉病的能力，但对枯萎病和叶斑病的抗性稍差。春、夏、秋三季均有种植。每亩产1 800~2 200千克。

（八）夏雷苦瓜

由华南农业大学园艺系育成，广州市郊区有栽培，植株攀缘生长，生长势强，夏季栽培主蔓长达4~5米，分力强，主侧蔓均能结瓜。瓜长筒形，长16~19厘米，横径4.2~5.4厘米；外皮翠绿色，有光泽，具较密面粗大的瘤状条纹，较少畸形瓜。单瓜重150~250克，最大超过250克，中熟。耐热、耐雨涝，并具有较强的抗枯萎病力。适于夏、秋季栽培。每亩产950~1 350千克。

（九）滑身苦瓜

广东省广州市地方品种，广州市郊区有栽培。植株攀缘生长，分枝力强。叶近圆形，掌状5~7裂。花单性，雄同株。主蔓第6~12叶节着生第1雌花，此后每隔3~6叶节着生一雌花。瓜长圆锥形，有整齐的纵沟条纹和相间的瘸状起，长约24厘米，直径7厘米左右；外皮青绿色，有光泽；肉厚1.2厘米左右，味微苦，品质好。单瓜重250~300克。较耐热，适应性强。果实较硬、耐运输。春、夏、秋三季均可栽培，每亩产1 000~1 500千克。

（十）长身苦瓜

广东省广州市地方品种，广州市郊区有栽培。植株攀缘生长，分枝力强，叶近圆形，掌状5~7深裂。单性花，雌雄同株。主蔓

第16~22叶节着生第1雌花，此后每叶节隔一叶着生一雌花。瓜长筒形，有纵沟纹与瘤状凸起，长约30厘米，横径5厘米左右：外皮绿色；肉厚约0.8厘米，肉质较硬，味甘苦，品质好。单瓜重250~600克。较耐寒、耐瘠薄，具较强抗逆性，耐贮运。每亩产1 500千克左右。

（十一）穗新1号

由广东省广州市蔬菜科学研究所育成，广州市郊区有栽培，广东省及南方各地也有引种。植株攀缘生长，生长势强，分枝多，主侧蔓均能结瓜，雌花有连续着生的习性，主蔓第7~15叶节着生第1雌花。瓜长圆锥形，长16~25厘米，果肩较平，直径5.5~6厘米，外皮深绿色，有光泽，具有较粗大的纵条纹和相间的瘤状凸起，外形美观；肉厚，苦味中等，品质佳。单果重300~500克。早中熟，丰产。适应性强，但耐炭疽病能力较弱。每亩产1 500~2 000千克。

（十二）北京白苦瓜

植株生长势旺盛，茎粗叶大，分枝力强，侧枝多，株高2~3米。叶为掌状，7裂，裂刻深，叶色深绿。果实为长纺锤形，般长30~40厘米。表皮有棱及不规则的瘤状凸起，外皮白绿色，有光泽，老熟时皮转为红黄色。果肉较厚，呈白色或白绿色，肉质脆嫩，苦味适中，清香爽口，品质优良。单瓜重为250~300克，中熟，耐热，耐寒，适应性强。

（十三）黑龙江白苦瓜

黑龙江哈尔滨市地方品种。植株攀缘生长，生长势强，叶掌状，5裂，裂刻较深，叶色深绿。主蔓上第17叶节着生第1雌花，以后每隔3~5叶节又出现雌花。果实为长纺锤形，外皮绿色或白绿色，有光泽，表面有不规则的瘤状凸起，果肉较厚，白色，肉质脆嫩，苦味轻，品质好。单瓜重200~300克。中热，耐热，耐寒，抗病，坐果多，产量较高，适宜于春、夏季栽培。

（十四）小苦瓜

山西省夏县农家品种。植株攀缘生长，生长势较弱，分枝力很强，侧枝多。叶掌状，5 裂，裂刻较深。第 1 朵雌花着生在第 10~15 节处，雌花的坐果率很高，果实为短圆，锥形，外皮绿色，成熟后变成红黄色，表面有不规则的尖瘤状凸起，果肉薄，种子发达，成熟时瓜瓤为血红色，较苦，品质一般。单果重 50~100 克。中熟，耐热，产量低，适应性强。

（十五）独山白苦瓜

贵州省独山县地方品种。植株蔓生，生长旺，分枝力强。叶掌状 5 裂，深绿色、主蔓上第 13 节前后着生第 1 朵雌花，此后每隔 3~5 叶节又出现雌花。果实为长纺锤形，外皮在商品成熟时为浅白绿色，老熟时为乳白色，有光泽，表面有瘤状凸起。果肉较厚，肉质致密，苦味淡，品质好。单果重为 300 克左右。耐热，晚熟，适宜在夏、秋季节栽培。

（十六）云南大白苦瓜

茎蔓生，5 棱，浓绿色，被茸毛，果实长形，表面有棱状凸起，表皮洁白似玉；果实长约 40 厘米，横径约 4 厘米，单瓜重 250~400 克，成熟期中等，抗病力较强，抗热性强，质地脆嫩，味清甜略苦，品质好。

（十七）冷江一号苦瓜

系一代杂交种 F_1 代，极早熟、高产、优质、商品性好，远近有名的良种。结瓜早，一般在 3~5 节开花坐瓜，5 月上中旬上市，棚栽 4 月下旬可上市，结瓜多，一般一节一瓜，每株可达 20~40 条瓜，多的达 50 条以上。产量高，肥水管理好的高达 3 500 千克以上；瓜条长 30~40 厘米，始瓜稍短，以后越结越长大，外形具“蓝心苦瓜”和“长白苦瓜”的综合优点，单瓜重 1 200 克左右，最大的可达 3 000 克；品质好，风味佳，色泽白嫩色，表面光

滑美观，稍有肉瘤，肉厚 1 厘米左右，肉质细嫩、味佳。

（十八）湘苦瓜一号

“湘苦瓜一号”是湖南省蔬菜研究所以 8901–1–4 为母本，003–2–3 为父本配制的优良白苦瓜杂交组合，该组合具有早熟、丰产、耐寒、抗病、品质优良等特点。1996 年 2 月通过湖南省农作物品种审定委员会审定，命名为湘苦瓜一号。植株生长旺盛，主蔓第 1 雌花节位低，一般在第 5~9 节，雌花率高，易坐果。果实长纺锤形，长 35~40 厘米，横径 4.5~5.5 厘米，单果重 300~400 克，果肉厚 1.15 厘米，果表条瘤间有少量细瘤凸起，商品成熟果为浅绿白色，生物学成熟果顶部橙红色时便裂开。早熟，从定植到采收 45 天，前期果实从开花到采收 17 天，坐果率高，果实生长速度快、耐寒、较耐热，耐肥力强，丰产稳产，长沙地区 5 月中下旬可采收。也可夏秋季种植。抗病性强，高抗枯萎病和病毒病，中抗霜霉病和白粉病。品质好，果肉厚，质脆，苦味较淡，瓜型美。

（十九）湘苦瓜三号

植株分枝性强，主蔓长 5.5 米，茎粗 1.0 厘米，节间长 7.2 厘米。叶绿色，掌状深裂，长 18.2 厘米。第 1 雌花着生节位为第 10 节，雌花节率为 45% ~55%。果实浅绿白色，炮弹形，果面肉瘤凸起，瓜长 30 厘米，横径 5.0 厘米，肉厚 0.8 厘米，单瓜重 300~400 克，鲜瓜产量 3 500~4 500 千克。肉质脆嫩、微苦、风味佳，每 100 克瓜含糖量为 3.235 克，维生素 C 含量为 84.64 毫克。5 月中旬始收，6 月中旬至 8 月中旬盛收，9 月下旬罢园。田间表现抗枯萎病和病毒病。种子黄褐色，千粒重 170 克。

（二十）穗新 2 号苦瓜

生长势旺，分枝力强，耐热性好，能在广东各地、广西壮族自治区（以下简称广西）、福建等夏秋季种植，其经济性状优于目前生产品种大朗、夏雷、英引等，产品除适合本地销售外，还可在夏秋季销往港澳等地，表现为瓜皮色绿，且有光泽，瓜面瘤

状凸起呈粗条纹状，瓜型长圆锥形，外形美观，长15~20厘米，瓜肩宽5~7.5厘米，肉厚1厘米以上，甘苦味适中，肉质脆嫩，口感好，单瓜重0.24~0.45千克，且较早熟，夏秋种植从播种至初收45~50天，第1雌花节位着生在主蔓第15~20叶节上，主侧蔓均可结果，丰产性好，夏秋种植每亩产量为1 100~2 000千克。

（二十一）翠绿1号大顶苦瓜

广东省农科院经作所用强雌系19为母本，江选105为父本组配而成的杂交种。植株生势旺盛，茎蔓长2.5~3.0米，叶色深绿，单株雌花数多，第1雌花节位在主蔓第10节，结果力强，平均单株坐果5~7个。果实圆锥形，整齐美观，果长14~16厘米，肩宽8~10厘米，蒂平，顶部钝，条瘤和圆瘤相间，条瘤粗直，果肉厚1.1厘米，深绿色，单果重400克，品质优，适宜市销及出口。早熟，比江门大顶早熟10~15天，春植由播种至初收60~70天，连续采收约40天，丰产性好。

（二十二）翠绿大顶苦瓜

广东省农科院经作所用强雌系5号与社会大顶杂交选育而成的常规种。植株长势强，分枝性较强，雌花多，瓜中圆锥形，单瓜重400克左右，瓜长20厘米，瓜肩宽9厘米，肉厚0.9~1.1厘米，瘤粗直，直瘤和粗瘤相间，皮色翠绿有光泽，品质优良，肉质脆滑，苦味适中。早熟，比江门大顶早熟7天。丰产性好。

（二十三）雪玉

蔓长400厘米，分枝力强，叶绿色，蔓8~16节着第1雌花。瓜圆筒形，单瓜重0.5千克，瘤状凸起粒较少，肉厚1.0厘米，适应性强，中熟编早，丰产，每亩产量4 000千克以上。

（二十四）雪玉二号

早熟，全生育期150天，果实发育期26天，抗病性较强，耐寒性强，耐热性强，耐贮性良。果型高圆筒形，果皮色乳白，

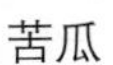

果肉白，果肉厚 1.2 厘米，果长 28 厘米，果径 7.6 厘米，单果重 500 克。

（二十五）碧翠

早熟，全生育期 160 天，果实发育期 26 天，对疫病与霜霉病的抵抗力较强，耐寒性强，耐热性强，耐贮性良。果型高圆筒形，果皮色乳白，果肉白，果肉质脆嫩，微苦。果肉厚 1.3 厘米，果长:26 厘米，果径 7.5 厘米，单果重 400 克。

（二十六）碧翠三号

蔓长 400 厘米，分枝力强，叶绿色，主蔓第 1 雌花 16 节左右，早熟、瓜长圆锥形，绿色，瘤状凸起粒较少，肉厚 1.1 厘米，单瓜重 600 克，适应性强，味较淡，品种优良，丰产性能好，每亩产量在 4 000 千克以上。

第五章　棚室苦瓜栽培管理技术

第一节　苦瓜育苗技术

一、苦瓜穴盘育苗技术

（一）穴盘选择

穴盘是按照一定的规格制成的带有许多小圆形或方形孔穴的塑料盘，规格多为52厘米×28厘米，盘上有32、40、50、72、105、128、162、200、288等不同穴孔，小穴深度3~10厘米，塑料壁厚度为0.85~1.05毫米（图5-1-1）。苦瓜穴盘育苗宜选用72、105、128穴穴盘。

图5-1-1　50穴孔的穴盘

选择适当的穴盘，选择好的基质，并正确地填充基质，打孔，将种子均匀播入穴孔的中央，给种子均匀覆盖，适当浇水，就完成了工厂化穴盘育苗的第一步工作。

有些穴盘在穴孔之间还有通风孔，这样空气可以在植株之间流动。使叶片干爽，减少病害，干燥均匀，保证整盘植株长势均匀。

穴盘的颜色也影响着植株根部的温度。一般冬春季选择黑色穴盘，因为可以吸收更多的太阳能，使根部温度增加。而夏季或初秋，就要改为银灰色的穴盘，以反射较多的光线，避免根部温度过高。而白色穴盘一般透光率较高，会影响根系生长，所以很少选择白色穴盘。当然白色的泡沫穴盘可以例外。

图 5–1–2　珍珠岩

（二）基质

穴盘育种时常采用轻型基质，可作为苦瓜育苗基质的材料有珍珠岩（图 5–1–2）、蛭石（图 5–1–3）、草炭土（图 5–1–4）、炉灰渣、沙子、炭化稻壳、炭化玉米芯、发酵好的锯末、甘蔗渣、栽培食用菌废料等。这些基质可以单独使用，也可以几种混合使用。草炭复合基质的比例是：草炭 30%~50%、蛭石 20%~30%、炉灰渣 20%~50%、珍珠岩 20% 左右；非草炭系复合基质的比例是：棉籽壳 40%~80%、蛭石 20%~30%、糠醛渣 10%~20%、炉灰渣 20%、猪粪 10%。为了充分满足幼苗生长发育的营养需要，可以在基质中适当加入复合肥 1~1.5 千克 / 立方米。

基质要有一定深度，至少要有 5 毫米的深度才会有重力作用，使基质中的水分渗下，空气进入穴孔越深，含氧量就越多。穴孔形状以四方倒梯形为宜，这样有利于引导根系向下伸展，而不是像圆形或侧面垂直的穴孔中那样根系在内壁缠绕。较深的穴孔为基质的排水和透气提供了更有利的条件。

好的基质应该具备以下几项特性：理想的水分容量；良好的

图 5–1–3　蛭石

图 5–1–4　草炭土

排水能力和空气容量；容易再湿润；良好的孔隙度和均匀的空隙分布；稳定的维管束结构，少粉尘；恰当的 pH 值（5.5~6.5），含有适当的养分，能够保证子叶展开前的养分需求；极低的盐分水平，EC 要小于 0.7（1 ∶ 2 稀释法）；基质颗粒的大小均匀一致；无植物病虫害和杂草；每一批基质的质量保持一致。

复合基质的成分比例是可以调整的，由于颗粒较小的蛭石的作用是增加基质的保水力而不是孔隙度。要增加泥炭基质的排水性和透气性，选择加入珍珠岩而不是蛭石。相反，如果要增加持水力，可以加入一定量的小颗粒蛭石。

（三）消毒灭菌

基质、穴盘、播种用具和设施、场地等要消毒灭菌。

（1）保护设施消毒灭菌。整个保护设施使用前要用高锰酸钾+甲醛消毒，按照 2 000 立方米温室标准，用 1.65 千克甲醛加入 8.4 升开水中，再加入 1.65 千克高锰酸钾，产生烟雾，封闭 48 小时打开，散尽气味。

（2）拌料场地消毒灭菌。拌料场地使用前宜使用高锰酸钾 2 000 倍液或 70% 甲基硫菌灵可湿性粉剂 1 000 倍液喷洒灭菌。

（3）穴盘和用具消毒灭菌。穴盘和其他用具使用前用高锰酸钾 2 000 倍液浸泡 10 分钟，捞起用清水冲洗 10 分钟，捞起用清水冲洗干净，晾干。

（4）基质消毒灭菌。如果是首次使用的干净基质，一般可不进行消毒。重复使用的基质则最好进行消毒处理，一种方法是用 0.1%~0.5% 的 2 000 倍液浸泡 30 分钟，用清水洗净；另一种方法是用甲醛 100 克对水 300 克，均匀喷洒在基质上，将基质堆起密封 2 天后摊开，晾晒 15 天左右，待药味挥发后再使用。

经过彻底清洗并消毒的穴盘，亦可以重复使用，推荐使用较为安全的季铵盐类消毒剂，也可以用于灌溉系统的杀菌除藻，避免其中细菌和青苔滋生。不建议用漂白粉或氯气进行消毒，因为氯会同穴盘中的塑料发生化学反应产生有毒的物质。

（四）播种

（1）种子选择。首先种子要保证选准，不但要适合于本茬口栽培，而且要适合于本地区栽培。如引种本地区没有种过的品种，一定要事先经过小面积的试种，表现好再大面积推广。同时，要注意当地消费种植习惯对品种的要求。其次，播种前最好测验一下所购种子的发芽势和发芽率。简单的发芽势计算是苦瓜催芽3天内的种子发芽百分数。发芽势强的种子出苗迅速、整齐。发芽率是一定量的种子中发芽种子的百分率。苦瓜发芽率一般是指催芽7天内种子的发芽百分数，发芽率达90%以上才符合播种要求。

（2）种子消毒。苦瓜种子表面甚至内部常常带有炭疽病、细菌性角斑病、枯萎病和疫病等多种病原菌，如果用带菌的种子播种，很有可能导致幼苗或成株发病，所以播种前的种子消毒是十分必要的。

苦瓜种子消毒的方法主要有4种，可根据病害的发生情况选择其一。

① 温汤浸种：将选好的种子整理干净，投入55~60℃的热水中烫种，热水量为种子量的4~5倍，并不停地搅拌种子。当水温下降时，加入热水，使水温始终保持在55℃以上，15分钟后把种子从水中捞出，置入30℃温水中再浸泡4~6小时，保证种子吸足水分，然后将种子反复搓洗，用清水冲洗净黏液后晾干再催芽。该方法能杀死黑星病、炭疽病、病毒病和菌核病的病原菌。注意浸种时在容器中放置一只温度计随时观察水温状况。

② 药剂浸种：把种子放入清水中浸泡2~3小时，再把种子放入甲醛100倍液或高锰酸钾800倍液中，浸泡20~25分钟后再用清水洗干净后催芽，可防止苦瓜枯萎病和黑星病的发生。

③ 恒温处理：把干种子置于70℃恒温处处理72小时，经检查发芽率后浸种催芽，可防止病毒病和细菌性角斑病。

④ 生物菌剂拌种：将种子浸湿或催芽露白后，选用益微菌剂（300亿个每克芽孢杆菌），每200克种子用益微菌剂20克左右，将菌剂撒入种子中翻动数次，稍晾即可播种。该方法属于生物防治技术，以菌治菌，可防治苗期立枯病、猝倒病以及定植后的枯

萎病、根腐病等多种病原杂菌。

（3）催芽。由于苦瓜种子壳厚而硬（图 5–1–5），如果采用常规恒温催芽，出芽缓慢、发芽率低，故应改用袋装变温催芽（图 5–1–6），这样不仅可使种子出芽加快，而且发芽率高。具体做法是：先将处理好的种子用钳子嗑开种子尖，装入小纱布袋，然后放入备好的塑料袋或其他容器中，把袋口扎好密封，放在相应的热源处，在 33~35℃下处理 10~12 小时，在 28~30℃下处理 12~14 小时，而后结合调温，松开袋口换气 1 次即可（图 5–1–7）。在催芽过程中要保证塑料袋的容积是种子体积的 20~30 倍，使袋内有充足的空气（氧气）。塑料袋要保持密封，维持袋内壁凝聚小露珠。若种子表面黏液较多，要及时冲洗擦干，以利于透气。一般 3 天内发芽率即可达 80% 以上，4 天内几乎全部出芽，较常规方法出芽快 3~4 天，发芽率也较高（图 5–1–8）。

图 5–1–5　苦瓜种子及种壳

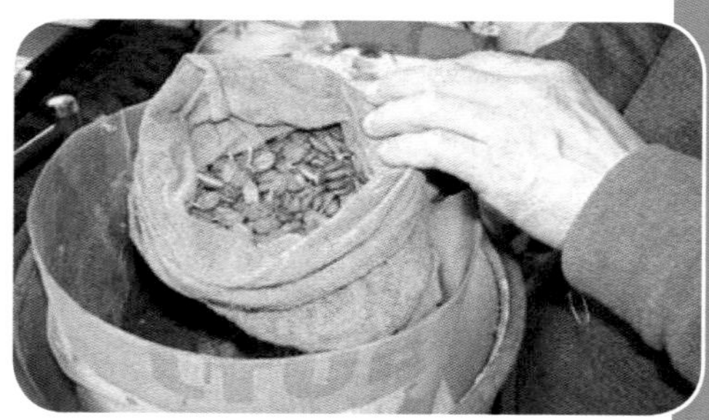

图 5–1–6　袋装变温催芽

图 5–1–7　塑料袋可松开袋口换气

图 5–1–8　变温催芽后的苦瓜种子

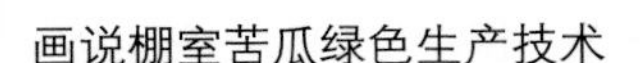

（4）基质装盘。将备好的基质装入穴盘中，用刮平板从穴盘的一端向另一端刮平，使每个穴孔基质平满（图 5–1–9）。

（5）播种。用压穴器（图 5–1–10）对准每个穴孔的中心位置，均匀用力压下，使每个孔穴中央形成深 0.5 厘米的播种穴，逐盘压穴，逐盘播种，每穴一粒种子，种子位于播种穴中央。也有不用压穴器、人工手动播种的。播种后覆盖，低温季节用蛭石覆盖，高温季节用珍珠岩覆盖。覆盖后再用刮平板刮平。将覆盖好的穴盘置于苗床上，浇透水。

图 5–1–9　基质装盘

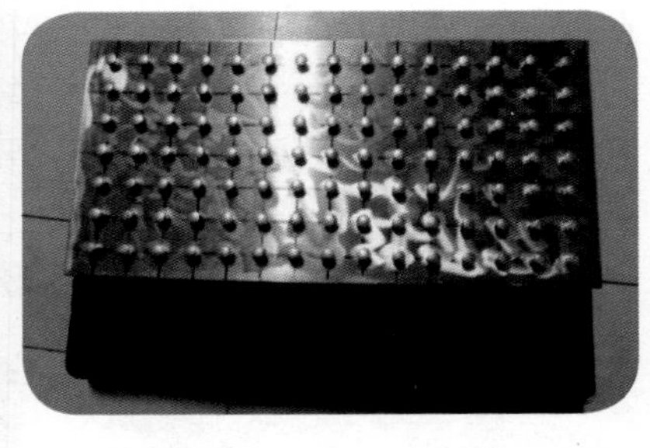
图 5–1–10　压穴器

（五）苗期管理

图 5–1–11　第一阶段为促进出苗期

（1）温度管理。苦瓜种子发芽和苗期生长的最适温度和高产栽培要求的温度不完全相同。

① 第一阶段：从播种到开始出苗，应控制较高的温度，促进快出苗（图 5–1–11）。一般温度为 25~30℃，约 2 天开始出苗。此期间温度最低为 12.7℃，最高为 40℃。

② 第二阶段：从出苗到第一片真叶显露，称为“破心”。此期要及时降温，控制较低的温度，一般白天 20~22℃，夜间为 12~15℃。避免温度高，尤其是夜间温度偏高，将使胚轴发生徒长，称为“长脖苗”。

③ 第三阶段：从破心到定植前 7~10 天，此期温度要适宜，

白天可保持在20~25℃，夜间在13~15℃，以利于雌花分化且降低雌花节位。④定植前7~10天，应进行低温锻炼，以提高苦瓜的适应能力和成活率。一般白天为15~20℃，夜间为10~12℃。

（2）光照管理。早熟栽培在低温、短日照、弱光时期育苗，光照不足是培育壮苗的限制因素，光照充足时，幼苗生长健壮，茎节粗短，叶片厚，叶色深，有光泽，雌花节位低而且多；而在弱光下生长的幼苗，常常是瘦弱徒长的弱苗。为增强光照，覆盖物要经常保持清洁，保温被要早揭晚盖，日照时速控制在8小时左右，在满足温度的前提下，最好在8：00左右揭开保温被，17：00盖上保温被。阴天也要正常揭盖保温被，以尽量增加光照时间。如果连续阴雨天不揭开保温被，幼苗体内的养分只是消耗而没有光合产物的积累，会使幼苗发生黄化徒长，甚至死亡。

（3）水分管理。苗期保持基质的湿度，有利于雌花的形成。要根据基质湿度、天气情况和秧苗的大小确定浇水量。穴孔内基质相对含水量一般为60%~100%，不宜低于60%，更不要等到秧苗萎蔫后再浇水。阴天和傍晚不宜浇水。秧苗生长初期，基质不宜过湿，秧苗子叶展平前尽量少浇水，子叶展平后供水量宜少，晴天每天浇水、少量浇水和中量浇水交替进行，保持基质见干见湿，秧苗两叶一心后，中量浇水与大量浇水交替进行，需水量大时可以每天浇透，出苗前3天，适当减少浇水。高温季节浇水量加大甚至每天浇2次水，低温季节浇水量要减小。灌溉用水的温度为20℃左右，低温季节水温低时应先加温再浇。每次浇水前应当先将管道内温度过高或过低的水排放干净。

（4）施肥管理。配制基质时若已施入充足的肥料，整个苗期可不用再施肥。若发现幼苗叶片颜色变淡，出现缺肥症状时，可喷施少量质量有保证的磷酸二氢钾，使用倍数为500倍液。在育苗过程中，切忌苗期过量追施氮肥，以免发生秧苗徒长而影响花芽分化。高温季节育苗时，肥料浓度宜低。自子叶展平开始施肥，以氮肥浓度为指标，其浓度值为70毫克/千克。随着秧苗的生长逐渐增加浓度，至成苗时该浓度值为140毫克/千克。低温季节育苗时，肥料浓度宜提高一倍。

（六）苦瓜壮苗标准

日光温室苦瓜栽培一般用中龄苗定植，苗期30~35天，要求3~4片真叶1心；叶片较大，呈深绿色，子叶健全，厚实肥大；株高15厘米左右，下胚轴长度不超过6厘米，茎粗56毫米；根系发达，较密、白色，无病虫害。如果株高超过17厘米，茎粗小于5毫米，节间长，叶片薄而色淡，刺毛软，根系稀疏，则为典型的徒长苗。如果株高低于13厘米，茎粗小于5毫米，叶片小而色深，节间很短，近生长点叶片抱团，则为老化苗或僵苗。在定植时必须淘汰徒长苗和老化苗、僵苗。

二、苦瓜穴盘嫁接育苗技术

（一）苦瓜嫁接育苗的优点

苦瓜嫁接育苗主要是为了预防土传病害。日光温室栽培苦瓜土传病害的发生日益严重，苦瓜的枯萎病更是普遍发生，常给苦瓜的生产带来毁灭性损失。苦瓜枯萎病一般发病率为10%~50%，严重地影响了产量和收益，使菜农种植积极性受挫。苦瓜嫁接苗，是利用抗病的砧木根系替换栽培苦瓜的根系，使栽培苦瓜不接触土壤，从而达到防病栽培的目的。目前寿光苦瓜集中产地的嫁接苗并不多，主要是通过杂交苦瓜苗提高抗病性，而我国南方雨水较大的栽培区苦瓜嫁接比较普遍，甚至有在寿光、青州等地，将苦瓜苗嫁接后，用泡沫箱加冰瓶等方法长途发往广东、广西、四川、重庆、福建、江西等省市的实例。另外，苦瓜嫁接苗还有提高土壤水肥利用率、增强苦瓜耐弱光照和低温能力、提高产量等优点。

（二）常用的砧木品种

（1）黑南瓜籽。根系强大，茎圆形，分枝性强。黑籽南瓜生长要求较低温度，在较高的低温条件下生长发育不良。苦瓜嫁接通常是选用黑籽南瓜作砧木，原因有三：一是南瓜根系发达，入土深，吸收范围广，耐肥水，耐旱能力强，可延长采收期而增加产量。二是南瓜对枯萎病有免疫作用。三是南瓜根系抵抗低温

能力强。苦瓜根系在温度为10℃时停止生长，而南瓜根系在8℃时还可以生长根毛。由于南瓜嫁接苗比自根苗素质高，生长旺盛，抗逆性强，前期产量和总产量均比自根苗显著增产。

（2）白籽南瓜。广东、海南等省，采用白籽南瓜作砧木，用顶端插接法嫁接“枫木苦瓜”，成苗率达到94%，枯萎病发病率仅仅为1.8%，每亩对比增产800千克以上，白籽南瓜苦瓜嫁接苗综合形状优于其他砧木品种。

（3）双依丝瓜。由台湾农友种苗公司培育。双依丝瓜不但亲和性良好，而且抗根结线虫能力强，苦瓜嫁接后生育旺盛，结果早而多。双依丝瓜专作嫁接根砧之用，其果实不可食用。

（三）穴盘的选择

苦瓜嫁接育苗要选用标准穴盘。砧木播种选择72孔穴盘，接穗播种选择128孔穴盘。

图5-1-12 插接法首先去掉砧木苗的生长点

（四）嫁接方法

苦瓜嫁接育苗所用的嫁接方法有插接法、斜贴接法和劈接法等。穴盘嫁接育苗多用插接法。其具体方法是：先去掉砧木苗的生长点，用一根光滑竹签从砧木子叶基部的一侧，向胚轴中斜插其尖端，至顶部砧木下胚轴的表皮为止，竹签插入砧木内长度一般控制在0.5~0.7厘米（图5-1-12）。削接穗时，用左手托住苦瓜苗的两片子叶，将下胚轴拉直，右手拿刀片，从苦瓜子叶下1厘米处以30°角斜切一刀，把下胚轴的大部分及根削掉，使接穗的下胚轴上的斜切面为0.5~0.7厘米长（图5-1-13）。随即从砧木中拔出竹签，将接穗的切面向下插入砧木顶心的小孔中，使两者切口密切结合，并将接穗与砧木的子叶着

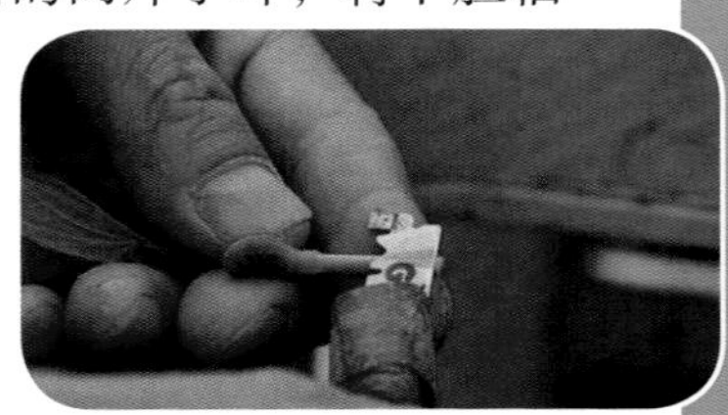

图5-1-13 削接穗的斜切面 插接在砧木南瓜上

图 5–1–14　用斜贴接法（左）和插接法（右）嫁接的苦瓜苗

生方向呈十字形。插接法嫁接苦瓜需注意的是：砧木南瓜的播种日期可比南瓜的播种日期提前 3~5 天，南瓜播种的种子粒距 4 厘米左右，不能播得太密，以防止出现高脚苗。苦瓜种子的粒距为 1~2 厘米。嫁接适宜形态为苦瓜苗子叶展平、砧木苗的第一片真叶长到五分硬币大时，一般在南瓜播种后 12~13 天进行。

斜贴接法则先在砧木子叶下方垂直面 0.5~0.6 厘米处下 30° 切入 2/3，深 0.3~0.4 厘米，选取健壮接穗于子叶下方大侧面 1 厘米处向上 30° 切入 2/3，深 0.3~0.4 厘米。两个切口对齐接上，用嫁接夹固定即可，这与插接法略有区别（图 5–1–14）。

（五）嫁接苗管理

嫁接苗成活率的高低与嫁接后的管理技术有着密切的关系，管理重点是温度、湿度、光照及通气条件，加速接口的愈合和幼苗的生长。

（1）保温。嫁接苗伤口愈合的适宜温度为 25℃左右，接口在低温条件下愈合很慢，影响成活率，幼苗嫁接后应立即放入小拱棚内或用塑料薄膜马上苫盖，苗子在小拱棚内排满一段后，及时将薄膜的四周压严，以利于保温、保湿。温度控制一般在嫁接后 3~5 天，白天保持 24~26℃，不超过 27℃；夜间为 18~20℃，不低于 15℃。3~5 天以后开始通风，并逐渐降低温度，白天可降

至 22~24℃，夜间降至 12~15℃。

（2）保湿。如果嫁接苗床的空气湿度较低，接穗容易失水引起凋萎，会严重影响嫁接苗成活率，保持湿度是关系到嫁接成败的关键。嫁接后 3~5 天内，小拱棚内相对湿度控制在 85%~95%。营养钵内湿度不要过高，以免烂苗。有条件的大型育苗厂，应设置专门的愈合室进行保湿，而中小型育苗厂，在生产实践中则多半采用塑料薄膜苫盖，边缘的上下塑料薄膜卷起折叠压实，来进行保湿。

（3）遮光。在棚外覆盖稀疏的保温被或遮阳网，避免阳光直接照射秧苗而引起接穗萎蔫，夜间还起保温作用。在温度较低的条件下，应适当多见光，以促进伤口愈合；温度过高时适当遮光。一般嫁接后 2~3 天，可在早晚揭除保温被以接受弱的散射光，中午前后覆盖保温被遮光。以后逐渐增加见光时间，1 周后可不再遮光。

（4）通风。嫁接后 3~5 天，嫁接苗开始生长时可开始通风，开始通风口要小，以后逐渐增大，通风时间也随之逐渐延长。一般 9~10 天后即可进行大通风。开始通风后，要注意观察苗情，如发现萎蔫要及时遮阴喷水，停止通风，避免因通风过急或时间过长而造成秧苗萎蔫。

（5）抹芽。砧木切除生长点后，会促进不定芽的萌发，如不及时除去，将会影响对接穗的养分和水分供应。在嫁接后 1 周开始进行，2~3 天进行 1 次。

另外，要注意经常观察接穗是否保持新鲜，是否有明显的失水现象等，幼苗成活后要进行大温差锻炼，使幼苗生长健壮；还要及时去掉砧木侧芽，防止它与接穗争夺养分，从而影响接穗的成活。

三、苦瓜泥炭营养钵育苗技术

（一）泥炭育苗营养钵的优点

苦瓜泥炭营养钵和营养块育苗的比例虽然越来越少，但也有很多优点，一是无菌无害、无病无卵，二是有助于幼苗健壮生

图 5-1-15　泥炭营养钵嫁接育苗

长，三是养分供应时间长，幼苗管理省工省时，四是定植后无须缓苗，产品提前上市，增产增收，五是改良土壤，培肥地力。我国南方目前多用营养钵进行嫁接育苗（图 5-1-15）。

（二）育苗方法

（1）种子处理。先将种子晾晒 2 天，提前 12 天浸种催芽，种子露白时即可播种。

（2）做畦铺膜。播前 1 天在育苗地做畦，畦高 5~7 厘米，畦宽 1.2 米，畦长根据播种量确定。将畦面整平压实，上铺农用薄膜，防止水分渗漏、外流和根系下扎。

（3）摆营养快，浇透水。在畦面的农膜上，按播种的数量整齐摆放育苗营养块，一般选用圆形小孔 40 克营养块，按每 100 个育苗营养块吸水 15 升浇水，分 2~3 次浇完，以便营养块充分吸收。吸水后营养块迅速膨胀疏松，用竹签扎刺营养块，如有硬心需继续加水，直至全部吸水膨胀为止。

（4）播种覆盖。在营养块吸水膨胀的第 2 天，在每个营养块的播种穴里播 1 粒露白的种子，上覆 1~2 厘米厚的专用覆种土，无须按压。育苗块间隙不必填土，以保持通气透水，防治根系外扩。

（5）苗期管理。播种后对营养块不要移动、按压，否则会破碎，2 天后营养块即固结一体、恢复强度，此时方可移动。视营养块的干湿和幼苗的生长情况及时补水，防止缺水烧苗。整个苗期只浇水无需施肥。定植前 3~4 天停水炼苗，定植时将营养块一起定植，在营养块上面覆土 2~3 厘米厚，栽后浇透水。

第二节　日光温室冬春茬苦瓜栽培关键技术

日光温室冬春茬苦瓜栽培结果期控制在春节前后上市，价格高、销量大，经济效益明显，但是会遇到气温低，异常天气多，外界环境不易控制，产量不稳定的现象，因此，实现冬春茬栽培产量高、产品优、果型好、产值高的目标，技术要求高、难度大，需要精心管理，才能收到良好的回报。

一、合理确定播期，瞄准春节上市

冬春茬苦瓜主要瞄准春节前后上市，以价格高、销售集中、追求最大经济效益为目的，因此，选择合适的播期最为重要。苦瓜自播种至始收商品瓜所需天数一般为：早熟品种 90~100 天，中熟品种 105 天，晚熟品种 120 天左右。若日光温室冬春茬苦瓜安排在进入 2 月份后开始大量上市供应，则冬春茬苦瓜的开始收获期应安排在 1 月中旬前后，由此推算日光温室冬春茬苦瓜的适宜育苗播种时间为8月中下旬至9月中下旬，最迟不宜晚于10月上中旬。

二、抓好育苗环节，培育适龄壮苗

（一）选择适宜品种

目前，适合日光温室种植的冬春茬苦瓜以耐寒性强、抗弱光、苦味稍淡品种为宜，如“绿龙苦瓜”“夏丰苦瓜”“蓝山大白苦瓜”“湘丰 1 号”“北京白苦瓜”“长身苦瓜”等。

（二）种子处理

先将种子晾晒 4~5 小时，后用 54~56℃温水浸种 10 分钟，并不断搅拌，当水温降至 30℃时，停止搅拌，浸种 10~12 小时，苦瓜种子的外壳较厚，质地坚硬，浸过的种子用毛巾擦干，再用钳子破开种子 1/3 或 1/2，以利出芽。然后放在 30~35℃的环境下催芽，每天用温水冲洗 1 次，控净水后继续催芽，一般 3 天左右即可出芽。由于苦瓜种皮较厚，发芽不整齐，应分批将先发芽的种子挑出，用湿毛巾包好放在低温处（不低于 12℃）蹲芽，待大多数种子出

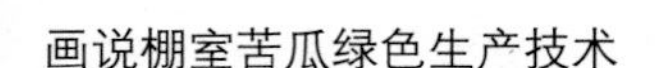

芽后播种。

（三）育苗

1. 穴盘基质育苗

寿光等棚室苦瓜种植发达地区，目前菜农接近100%是买苗而不是自育苗，穴盘基质育苗集中在大中型种苗公司以及分散在苦瓜产区的小型苗厂，进行工厂化穴盘基质式育苗，而传统的苗床育苗和营养钵育苗的比例越来越少。一般先进行基质消毒，用50%多菌灵500倍液+高锰酸钾500倍液均匀喷洒基质后堆闷1~2天，然后装入50孔或72孔穴盘。

图5-2-1　苦瓜的苗期管理

播种及苗期管理的要点是，将种子点播在穴盘内每穴1粒，上盖1厘米左右厚基质，然后浇透水，上盖薄膜保湿并盖旧报纸遮光；如棚室最上部有遮阳网则只盖薄膜即可，放入30~35℃环境条件下育苗，3~4天开始出苗时于傍晚揭去薄膜和旧报纸并浇透水，此后浇水要保持基质见干见湿为宜，苗期控制地温25℃，出苗后降低温度（图5-2-1）。整个苗期控制8小时左右日照，白天温度控制在15~25℃，夜间10~15℃。苗龄34~45天，有4~5片真叶时即可定植。

2. 营养钵育苗

目前尚有少部分菜农用营养钵自行育苗，播前先把营养钵装入八成营养土，营养土配制一般用大田土6份，充分腐熟有机肥4份，同时每1立方米营养土加入草木灰10千克、过磷酸钙1千克。各种用料先过筛，然后混合均匀。营养钵摆入苗床，并逐个浇水湿润营养土。将催出芽的种子，平放在营养钵里，覆土厚1.5厘米。要加强播后管理，播后要封闭温室，防止雨水冲刷，并在苗床上覆盖地膜，当秧苗出土后撤掉地膜。播种后白天温度保持在30~35℃，夜间不低于25℃。出苗后适当降低温度，白天

20~25℃，夜间15~17℃。苗期给水原则是见干见湿，即表土稍干时浇水。为使幼苗健壮，苗期可喷施0.3%的磷酸二氢钾，每7~10天喷1次，连喷2~3次。

三　抓好关键环节，确保丰产丰收

1. 抓好整地关

栽培冬春茬苦瓜必须采用升温快和保温性能好的日光温室。冬春茬苦瓜生长期长，结果多，对水肥要求高，要施足基肥。整地要在定植前15~20天，每亩施优质土杂肥5 000千克以上，或腐熟鸡粪2 500千克以上，氮、磷、钾三元复合肥25~30千克，均匀撒于地面，然后深翻地30~35厘米，整平耙匀，随后用90%敌克松粉剂500倍液均匀喷洒地面。最后，将温室密闭7~8天，进行高温消毒。

2. 抓好选苗关

苦瓜适合定植壮苗标准为：日历苗龄30~40天，苗高20厘米，4叶1心，子叶和第1对真叶完好无损，叶片厚实，颜色浓绿，根系发达，根色洁白，无病虫为害（图5–2–2）。

3. 抓好定植关

定植前7天左右停止浇水，进行炼苗。要及时去除弱苗、病苗，选留健壮的植株定植，选择适龄壮苗。采用起畦栽培的方式，每畦栽2行。大行距80~90厘米，小行距60厘米，株距35厘米。定植垄上按株距开穴，脱去营养钵，每穴1株。栽时苗不能太深，深度以没过土坨1~2厘米即可。移栽时，把定植穴周围土整细，再把幼苗连土坨一起放入穴内，

图5–2–2　苦瓜适合定植壮苗

覆土并稍压实，覆土高度以子叶露出地面为准。栽后浇足定植水，待水渗下后用潮土将膜口封严。一般每亩保苗 2 500~2 800 株。

4. 抓好肥水关

苦瓜喜湿耐肥不耐瘠薄，充足的养料是丰产的基础。苦瓜定植后至缓苗前，在浇足底墒水的前提下，通常不再浇水。缓苗后，每 7~10 天浇 1 次水，隔 1 水随水冲施三元复合肥，每亩冲施 10~15 千克。平常施肥要以氮肥为主，每亩每次可追施尿素 5 千克。在茎蔓和叶的生长期及开 花结果期，还要结合浇施 1~2 次肥，每亩每次可施复合肥 30~35 千克。结果期每采收 1 次果，要追施 1 次浓度为 0.5% 的尿素溶液。注意在保持地面湿润的前提下，减少浇水次数，以增加苦瓜的抗寒能力。要结合锄草进行松土和培土，这样有利于提高土壤温度和增加土壤通透性，改善田间通风透光条件，促进根系发育和瓜蔓的生长。

图 5–2–3　山东寿光孙家集街道三元朱村的苦瓜定植后的铺膜开孔掏苗

5. 抓好覆膜关

定植后 10~15 天，一般浇 1~2 次水后，就可覆盖地膜，寿光等棚室苦瓜单种或黄瓜套种苦瓜产区，多采用开孔掏苗的办法覆盖地膜（图 5–2–3），亦即定植在前，覆膜和掏苗在后，这样有利于提高地温，同时降低大棚湿度，减轻病害。应注意覆盖地膜要不早不晚，覆盖早了，地温上不来，不利于苦瓜缓苗和扎根，覆盖晚了，棚室内湿度大，不利于病虫害防控。一般在定植一周后至 15 天之间视天气情况均可进行。

地膜主要有白地膜、黑地膜、双色膜三种，白地膜透光、地温回升快、使用较普遍；黑地膜不透光、地温回升慢、压草；银灰双色膜不透光、压草、对蚜虫、白粉虱等有驱逐作用，但低温回升慢。铺地膜应掌握正确方法，常见的误区有：

（1）地膜紧贴茎基部，死棵严重。地膜覆盖不当，是诱发疫

病发生的重要原因，地膜覆盖时切记不要紧靠在苦瓜茎秆上，尽量不要用刀片割地膜，而要用手指去抠地膜，保证口子较大，不会弥合，一般在直径 5~8 厘米为宜。高温阶段，把地膜两边卷起，防止地温偏高；温度下降时，再把地膜拽开，用嫁接夹将相邻两幅地膜夹起，使得地膜不要接触茎秆。

（2）全棚贴地覆盖地膜，影响根系生长。很多菜农在覆盖地膜时，都是直接把地膜全棚贴地覆盖，操作行地膜经过无数次的踩踏后，与地面紧密贴在一起，种植行浇水时也会压迫地膜，严重影响了土壤的透气性，使苦瓜根系呼吸作用受阻，造成根部发育不良。种植行最好用细钢丝将地膜支撑起来，一般支撑在每畦中间，在滴灌管之上的位置（图 5–2–4），从南往北把地膜覆盖在撑丝上，撑丝用细绳吊起系在头顶部的钢丝上（图 5–2–5），约 50 厘米吊一个，这样可以实现膜下浇水，滴灌管中出来的小水柱可均匀地滋在两行苦瓜的根部，实现小水慢浇，既提高了土壤透气性，又使得湿气难以往外挥发，降低了棚内湿度；而操作行最好是覆盖作物秸秆，既提升了地温，又调控了棚内湿度，一举多得。

图 5–2–4　山东寿光孙家集街道汤家村的黄瓜套种苦瓜的地膜支撑覆盖

（3）地膜覆盖过早，不利于根系深扎。在棚室苦瓜栽培中，覆盖地膜时间的早晚要根据具体的气候条件来确定。秋茬黄瓜套种苦瓜在定植后，外界温度较高，若立即覆地膜，一方面因地膜增温过高，容易出现闷根；另一方

图 5–2–5　山东寿光孙家集街道一甲村的黄瓜套种苦瓜，用绳吊起的地膜支撑钢丝

面覆地膜后，在地表层形成湿润环境，不利于根系下扎生长，可能导致蹲苗失败，难以培育出壮苗壮棵，所以建议在覆盖地膜时要根据具体天气情况，一般在定植 15 天左右再覆盖地膜，有利于幼苗根系下扎，培养壮棵。

（4）不能仅在操作行覆盖地膜。若只覆盖了棚内的操作行，而种植行却没有覆盖地膜，这样的做法不但没有发挥地膜覆盖的优势，反而凸显了劣势，效果很差。棚室苦瓜生产中，地膜覆盖最重要的作用就是降低棚内湿度，减少病害发生。而操作行覆盖地膜、种植行不覆盖的做法对降低棚内湿度不利，因为在苦瓜浇水时，绝大多数时候都是浇种植行的，种植行不覆盖地膜对降低空气湿度也就起不到多大作用，也不能起到保温的效果。而在操作行覆盖地膜，弊端也是明显的，使得操作行内土壤透气性大大降低，影响了根系生长发育。

铺设地膜的时候，最好两个人配合进行，一个人用手拉着一边置于地面上，另一人放上土，压实，然后将地膜拉直拉长继续置于地上，继续用土压实，再把边上用土盖住。要注意用塑料薄膜轻轻把苦瓜畦苗盖住，用拇指和食指把塑料薄膜弄破，把小苗无损伤地小心掏出来，特别要保护好苦瓜的生长点。

6. 抓好温控关

苦瓜定植后至缓苗前，白天温度控制在 25~30℃，夜间 15~20℃。空气相对湿度白天控制在 70%~80%，夜间 85%~90%。土壤相对湿度以 85% 左右为好。定植后 10~15 天，将白天温度控制在 20~28℃，中午前后最高不超过 28℃。到下午盖棉苫时，将温度控制在 24℃左右，夜间保持在 13~18℃，不得低于 12℃。空气相对湿度白天应保持在 70%，夜间 90% 左右。土壤相对湿度要控制在 80%~85%。进入开花结果期，白天温度保持在 25~28℃，超过 28℃放风，到 24℃闭风，夜间温度保持在 13~17℃。如遇特别冷的天气或连阴天，可采取临时加温的办法补充温度，如加盖保温被、点明火等。浇水后，为提高地温和迅速排湿，温度达到 30℃时再放风。苦瓜在生长过程中要尽可能地延长光照时间，增加光照强度，措施有采用透光性好的薄膜、经常打扫棚膜上的灰

尘、在后墙张挂反光幕等。

7. 抓好整蔓关

待主蔓长至40~50厘米时，及时进行整枝吊蔓。方法是：先顺行设置吊蔓铁丝(14号铁丝)，之后东西向拉紧吊蔓铁丝，按定植株距，每1株拴1条尼龙绳，用于吊挂苦瓜茎蔓的基部。苦瓜多以主蔓结瓜为主。为促进主蔓的生长，距地面50厘米以内的侧蔓全部摘除，上部的侧枝如生长过旺、过密，也应适当摘除。总之，要保证主蔓的生长，以发挥其结果优势。当主蔓长到架顶时摘心，同时在其下部选留3~5个侧枝培养，使其每个侧蔓再结1~2个瓜。绑蔓时，要掐去卷须和雄花，以减少养分消耗。同时注意调整蔓的位置和走向，及时剪去细弱或过密的衰老枝蔓，尽量减少相互遮阳。

8. 把好授粉关

苦瓜具有单性结实能力，但为提高坐果率，雌花开放后应及时进行人工授粉，授粉要选择在晴天上午9：00前进行，可于当天采摘盛开的雄花给雌花授粉。具体做法是：取雄花去掉花冠，将花药轻轻地涂抹在雌花的柱头上，1朵雄花可用于3朵雌花的授粉，授粉不要伤及雌花柱头。

9. 把好植保关

苦瓜抗病虫害能力较强，一般很少发生严重的病虫害，只在湿度大时易发生炭疽病、疫病、白绢病和斑点病，湿度小时易受蚜虫、白粉虱等的为害。炭疽病可选用80%炭疽福美可湿性粉剂800倍液防治，隔5~7天喷洒1次，连防2~3次。白绢病可用90%敌克松可湿性粉剂600~650倍液或20%甲基立枯磷乳油1 000倍液防治，每株浇灌0.4~0.5毫升。苦瓜生长的后半期易发生斑点病，可喷施40%多硫悬浮剂500倍液或70%甲基托布津可湿性粉剂800倍液，再加70%百菌清可湿性粉剂800倍液喷雾防治。蚜虫、白粉虱可用80%敌敌畏乳油暗火熏蒸，或选用无农药残留的生物农药防治。

10. 把好采收关

苦瓜以嫩瓜供食用，接近成熟时养分转化快，故应及时采收。

采收标准为：在适宜的温度条件下开花后 12~15 天，果实的条状或瘤状的凸起迅速膨大，果顶变为平滑且开始发亮，果皮的颜色由暗绿转为鲜绿，或由青白转为乳白时开始采收。苦瓜的果柄长得牢固，必须用剪刀从基部剪下。

第三节　日光温室早春茬苦瓜栽培关键技术

一、早春茬苦瓜栽培的苗龄

早春棚室的环境条件向有利于苦瓜营养生长的方向发展。在实际生产中，苦瓜早春棚室定植后，植株的营养生长量最大，影响向生殖生长的转化，往往出现高产不早熟的现象。为争取早熟高产，经试验证明，利用大苗移栽，在苦瓜定植后的缓苗期，开始转化生殖生长，可早开花、早坐瓜，植株的营养生长和生殖生长达到平衡，可获得早熟高产的效果。

二、早春茬苦瓜栽培定植的条件

早春苦瓜定植时，苗龄应在 60~65 天，有 7~9 片真叶（图

图 5-3-1　7 叶 1 心时的苦瓜苗

图 5-3-2　早春茬定植前的苦瓜大苗

5–3–1），植株高 30~35 厘米，叶色绿、有光泽、无病斑（图 5–3–2），根系发达完整，定植前 5~7 天进行炼苗，加大昼夜温差，白天温度保持在 7~10℃。白天还要加大通风量，使苦瓜苗营养生长受阻。通过炼苗和定植后缓苗的过程，促进生殖生长发达和转化，从而实现早熟。

三、早春茬苦瓜栽培进行定植的技术要点

第一，开大窝，施饼肥。按计划定植行距起垄并覆盖地膜，定植时将地膜向两边折叠后，于行间的一侧或两侧按计划定植株距开大窝，窝深 13~15 厘米，长、宽各 25~30 厘米，每窝内施入充分发酵腐熟的饼肥（豆饼、菜籽饼、棉籽饼，花生饼和麻饼更好）100 克左右，并将其与窝土掺混均匀。

第二，带土坨取苗，浇水定植。用穴盘基质育苗的，轻轻地连苗带基质块从穴盘中取出，随栽随取即可。用营养方块育苗的，宜用专门制造的“L”形直角铲取苗；用塑料营养钵苗床育苗的，取出苗后要轻轻脱去塑料钵，力求做到秧苗带土坨完整，减轻伤根。将取来的土坨于窝内放正，稍埋栽并做好盛水堰穴，然后浇水，水渗后封堰，使苗坨的顶面与地表面相平。在取苗定植过程中，注意淘汰病、弱、残苗，选壮苗、好苗定植。

第三，覆盖地膜。苦瓜定植完毕，经过缓苗和提升低温时期，浇过 1~2 次水后，定植 10~15 天后，即可覆盖地膜，并对准苦瓜苗处，用拇指和食指捅开塑料薄膜，形成圆形窟窿，从下面轻轻掏出苦瓜苗，地膜边缘用土压上。如果定植的是嫁接苗，务必使秧苗上的嫁接夹（或嫁接口处）放出地膜之上，以防止接穗苦瓜的茎节接触土壤而产生不定根或染病，而失去嫁接的意义。

四、早春茬大棚苦瓜栽培要点

（一）育苗

（1）育苗时间。上年 12 月上中旬在日光温室育苗，苗龄 60~65 天。

（2）催芽。将种子晾晒 4~5 小时，再用 50~55℃温水浸种 10

分钟，并不断搅拌至30℃，继续浸种8~9小时捞出。冲净、晾干后，将种子用湿毛巾包好，放在30~32℃条件下，催芽36小时左右即可播种。

（3）播种。采取穴盘基质或营养钵育苗。用营养钵育苗，选用无病大田土、充分腐熟有机肥过筛，按6 ∶ 4的比例混合，每立方米营养土加$N:P_2O_5:K_2O$为15:15:15三元复合肥2千克。配好营养土后，装入营养钵2/3、压实、摆放好，浇透水，每钵播1粒，覆土2~3厘米。

（4）苗期管理 播种后白天保持温度30~35℃，夜间13~15℃，不留风口，加强保温防寒能力。出苗后保持25~30℃，促进幼苗健壮生长。定植前一周逐渐加大放风量，加强幼苗抗逆性锻炼，以提高幼苗的适应力。水分管理，土壤过干可适当喷水，保持土壤湿润，幼苗达到7~9叶时定植。

（二）定植

采用地膜覆盖栽苗方法。定植方法、要求及成活后的嫁接苗在定植前的处理应精心管理，定植前5~7天，早春适当降温、通风，夏、秋逐渐撤去遮阳网，适当控制水分。定植前7天要对幼苗进行低温锻炼，适当降低苗床温度，白天20~23℃，夜间10~12℃，此时可以加大通风量，逐渐锻炼幼苗适应外面环境，嫁接苗切断接穗苦瓜的根部，砧木的根吸收的养分可以源源不断地往接穗输送，完成换根。

（三）定植后的管理

（1）肥水管理。早春茬苦瓜生长速度快，营养消耗多，中后期加上温度高，叶面积越来越大，蒸腾作用很强，为满足植株生长发育对水肥的要求，必须抓好水肥管理。

苦瓜定植时浇足定植水，在甩蔓期内一般控水10~15天，防止营养生长速度过快。大约15天后进入开花结果期时，为促进果实生长，要及时浇水。苦瓜浇水时，掌握“浇果不浇花”和小水勤浇，防止大水漫灌。开花盛期不干旱时不浇水，坐果时要浇

小水，防止大水漫灌造成土壤板结，透气性差，影响根系的吸收能力。

每次浇水应结合施肥。苦瓜结果前期外界气温较低，为养蔓壮根，应随水冲施含腐殖酸较高的低含量复合肥；结果盛期外界气温转暖，应以追施氮素化肥为主。结果前期产量低，消耗营养少，每亩每次冲施腐殖酸类肥 15 千克。进入盛果期后，植株对营养需求量大时，可增加施肥数量。一般每亩每次冲施硝酸铵类氮肥 30 千克。连续冲 2~3 次后该换化肥品种，一般每亩施用三元复合肥 35 千克，或人粪尿 300 千克。

进入结果后期，根系老化，吸收能力差，植株结瓜量开始下降时，要减少浇水次数，降低施肥量。一般每亩每次冲施肥料 10~15 千克为宜。

（2）吊蔓、整枝。苦瓜蔓细长，要及时吊蔓。采用单蔓整枝，一般主蔓长到 50~70 厘米时开始整蔓，摘除基部所有侧蔓，只留主蔓。主蔓吊起后，如侧蔓无雌花，则将侧蔓从基部摘除，若有雌花，应及时摘心保瓜。到了生长后期，为了通风透光，应及时摘除老叶、病叶、黄叶及细小的侧枝。

（3）温、湿度管理。定植后温度保持 25~28℃，开花、结果期 25~30℃。湿度白天保持 60% ~70%，夜间 70% ~80%。

（四）采收

苦瓜以采食嫩果上市，在生产中应及时采收。一般开花后 12~15 天为采收期，可以采收的特征是：果实的棱或瘤凸起饱满，果顶颜色变淡，花瓣干枯脱落，果皮有光泽。如采收过晚，瓜顶部变为黄色或橘红色，苦味变淡，肉质变软，品质降低；若采收过早，则瓜条未充分长大，苦味浓，品质差，产量低。采收时最好用剪刀从瓜柄基部剪下，以防采摘时撕伤植株或叶片。

第四节　日光温室秋冬茬苦瓜栽培关键技术

日光温室苦瓜秋冬茬栽培是指7月中下旬至8月上旬播种育苗，8月上中旬至9月上旬定植，供应初冬、元旦、春节市场。该茬口若采用采光和保温性能良好的日光温室，再加上科学的栽培管理技术可延至第二年的7月拉秧，进行全年一大茬栽培。若日光温室保温、采光不合理，多在春节前后拉秧，进行下茬生产。据调查，每亩产苦瓜1.2万千克以上，效益一般在2.5万~4.0万元。

一、品种选择

秋冬茬苦瓜播种至坐瓜初期正处于仲夏至仲秋高温季节，而持续结瓜盛期，是处在秋末至冬春的低温和寒冷期，所以，此茬苦瓜应选用苗期至坐瓜初期耐热性较强、耐低温性较差的晚中熟和晚熟品种。生产上表现比较好的品种有寿光中长绿苦瓜、绿人苦瓜、夏雷苦瓜、玛雅018和广西大肉2号苦瓜等。

二、育苗

（一）选择适宜播期

秋冬茬苦瓜植株生长的原则是在霜降前完成营养生长量的90%，气温降低时进入结果期，一直收获到元旦前后。播种早了，在前期高温阶段植株生长快、结瓜早，进入低温后植株容易衰老，抗逆能力差，影响结瓜，产量低，效益也不好；播种晚了，前期温度适宜时植株生长量小，进入低温期时植株营养面积小，前期结瓜迟，总产量很低，经济效益也很低。根据几年来温室秋冬茬苦瓜生产播期特点，山东寿光以8月上旬播种为宜。

（二）遮阳防雨育苗

育苗期间正值高温多雨季节，苗床应设置拱棚，其上覆盖遮阳网，以防雨、降温，用遮阳率60%的遮阳网覆盖。采用营养钵育苗。苦瓜1~3片真叶期时（图5-4-1），用20~40毫克/千克

赤霉素喷洒叶面，使苦瓜第1雄花节位上升、第1雌花节位下降，植株总的雌花数和雌、雄花比值都上升。

图5-4-1 3片真叶期时的苦瓜苗

（三）定植

定植时间在8月底或9月上旬。采用大小垄栽培，大垄距80厘米，小垄距60厘米，垄高10~15厘米，株距35~40厘米，亩栽2 400~2 800株。在气温高、光照强时，要选择晴天下午或阴天定植，定植后浇足定植水，过1天后再补浇1次压根水。浇水时避开高温时间，选择傍晚或早晨。待土壤能中耕时抓紧时间中耕，中耕后地面覆盖2~3厘米厚的麦草，可降低地温和保墒，可防止杂草生长和土壤板结。

（四）定植后的管理

1. 定植后到结瓜前的管理

此期管理的主要目标是促根壮苗，为高产奠定基础。主要管理措施为：

（1）松土除草。疏松土壤，提高土地的通气性，促根下扎，松土时可将地膜掀起。

（2）控制植株徒长。秋冬茬苦瓜前期温度比较适宜，苦瓜在高温强光的条件下，主蔓生长很快，多数品种在秋冬茬栽培时很少发侧蔓，主蔓生长很快，若不采取有效的控制措施，容易出现主蔓徒长，推迟结瓜时间。管理上以控为主，少浇水追肥，甩蔓期用助壮素10毫升对水12千克喷洒植株，15天后根据情况可再喷1次效果更好。

图 5-4-2　用塑料绳进行苦瓜的整枝吊蔓

（3）肥水管理。结瓜之前只要墒情好，苗子长势壮，一般不要浇水。但是有的土壤保水能力差，苗子长势弱，或有的品种结瓜晚，致使结瓜前墒情已不能满足植株生长的需要，此时应进行适当的肥水管理。浇水时水量不宜过大，结合浇水每亩可冲施 10~15 千克的三元复合肥或腐熟的人粪尿、鸡粪等，每亩 250~300 千克。

（4）整枝吊蔓。先在日光温室中南北向按苦瓜植株逐行拉一道铁丝，高度距地面 2 米为宜，其上系一条塑料绳下垂在苦瓜植株茎基部。当苦瓜主蔓伸长到 30~40 厘米时（图 5-4-2），要及时用塑料绳系在苦瓜植株茎基部将主蔓吊起。同时要将主蔓下部抽发的侧枝卷须及时去掉，以减少营养消耗，促进主蔓壮长，方便管理。

图 5-4-3　正在滴灌中的苦瓜肥水管理

2. 结瓜后的管理

（1）肥水管理。浇水以滴灌（图 5-4-3）或膜下滴灌为佳。结瓜之后一般 10~15 天浇 1 次水，每隔一次水冲一次肥，追肥种类可用三元复合肥或尿素加钾肥，也可以用腐熟的有机肥，化肥一般每亩用量 20~25 千克，有机肥每亩用量 500~800 千克。越冬期低温阴雨天浇水周期可适当加长，此时冲肥要以有机肥为主，适当配合无机肥，根据土壤养分状况，可增施钙、锌、硼、镁等元素肥，以满足苦瓜高产的需要。若进行一大茬栽培，进入 4 月后，气温、地温迅速回升，浇水周期缩短，水量要加大，

每 8~10 天 浇 1 次，水量要足，但不能积水。

（2）温度管理。结瓜期，白天日光温室内温度一般控制在 25~30℃，高于 32℃可适当放风，夜间一般保持在 15~18℃，最低不宜低于 12℃。如温度达不到上述要求，要及早采取措施加以解决，如加厚墙体、将内墙加保温板、加厚覆盖物，有条件的可考虑采取人工加温设施等。

（3）加强整枝。保持主蔓生长，当主蔓出现第一朵雌花后，在其下相邻部位选留 2~3 个侧枝，与主蔓一起吊蔓上架，其他下部侧枝都要及时去掉。其后再发生的侧枝，有瓜即留枝，并在瓜后留一片叶打顶，无瓜则将整个分枝从基部剪掉。这样能控制过旺的营养生长，改善通风透光，增加前期产量。各级分枝上如出现两朵雌花时，可去掉第一朵雌花，留第二朵雌花结瓜，一般第二朵雌花结的瓜大，品质好。当主蔓爬到架上后，将保留的 2~3 个健壮侧蔓与主蔓一起横向绕到棚架铁丝上。生长中后期，还要注意摘叶，及时摘除植株下部的老叶、黄叶、病叶以及悬挂到铁丝下部的无瓜枝条，防止田间郁蔽和病害流行。

（4）人工授粉。苦瓜日光温室栽培，在没有昆虫传粉的情况下需人工授粉，授粉一般在 9:00–10:00 进行，摘取新开放的雄花，去掉花冠，与正在开放的雌花进行对花授粉。一般 1 朵雄花可用于 3 朵雌花的授粉，授粉时不要伤及雌花柱头。也可用毛笔蘸取雄花的花粉，给正开放的雌花柱头轻轻涂抹进行授粉，以保证其正常结瓜。

（5）连阴天过后的管理。阴天过后天气转晴时，不要急于将棉苫全部拉开，要避免植株在阳光下直射造成苦瓜植株萎蔫，要采取“揭花苫”的方法逐步增温增光。对受强光照而出现萎蔫现象的植株及时放棉苫遮阳，并随即喷洒 15~20℃的温水，同时注意逐渐通风， 防止闪秧闪苗。若保护地使用了卷帘机，可以通过分次拉棉苫的方法拉草苫见光，即第一次先拉开 1/3，不出现萎蔫时再拉起 1/3，第三次才将棚全部拉开，让苦瓜有一段适应过程，防止急性萎蔫发生。连阴天后，苦瓜的根系会受到不同程度的伤害，就会降低其对水分养分的吸收能力，因此天气转晴后，

可以喷施叶面肥，增加营养元素，也可以用甲壳素等灌根补充营养，促进新根生成。

（五）采收

秋冬茬苦瓜生产期内的气候特点是气温一天比一天低，同时植株生长速度也一天天减慢，而市场苦瓜的价格却一天天上涨。根据这个规律，秋冬茬苦瓜采收时，把适期向后拖延，特别在气温较低时推迟采收，让苦瓜植株上每株留 2~3 个商品瓜，利用植株活性挂棵贮存，集中在元旦或春节时集中采收，可明显提高经济效益。

第五节　日光温室越冬茬苦瓜栽培关键技术

图 5–5–1　3~4 片真叶时的适龄苦瓜苗

一、定植

第一，施肥整地。冬季棚室内地温低，土壤中营养转化和植株吸收能力都比较缓慢。为满足特殊条件下苦瓜根系对土壤营养条件的要求，只有大量使用农家肥、精细整地，给苦瓜生长提供良好的土壤条件。施厩肥量每亩不少于 25 立方米，深翻 25~30 厘米。锄细搂平，按宽行 80 厘米、窄行 50 厘米开沟。

第二，定植苗龄不宜过大，小苗定植为好，大苗定植后结果早、易坠秧，造成植株老化。不利于越冬。定植适宜苗龄为 3~4 片真叶（图 5–5–1）。

第三，定植要点。在定植前用天达 2 116（山东天达生物制药股份有限公司）抗旱壮苗专用型 600 倍稀释液进行一次苗床喷施，每亩用原液 50 克。定植密度要根据苦瓜品种特性、土壤肥力和管理经验来确定，差别幅度较大，寿光日光温室苦瓜产区一

图 5-5-2　山东寿光孙家集街道三甲村的每亩定植 350~400 株苦瓜的日光温室
每畦 2 行，中间铺设滴灌管，后铺膜掏苗，形成膜下滴灌

图 5-5-3　滴灌管上可向两侧滋出小水柱的一对小孔

般以 1.5 米株距为多，2 行定植呈品字形，或 2 行黄瓜其中 1 行（或均为东边 1 行，或均为西边 1 行）套种苦瓜，每亩定植苦瓜株数在 350~400 株（图 5-5-2）。每畦 2 行中间铺设滴灌管，后铺膜掏苗，形成膜下滴灌，滴灌管上可向两侧滋出小水柱的一对小孔，保证 2 行苦瓜植株根部浸水均匀（图 5-5-3）。但也有的菜农习惯于高密度种植苦瓜，最高密度种植有按 33~35 厘米株距种植、每亩用定植苦瓜 2 800~3 100 株的案例。

第四，提高温度。定植后，开始提高棚室温度，促进缓苗生根。白天温度最高可达 35℃左右不放风，夜间保持 17~20℃为宜。时间 3~4 天，缓苗结束后，进行正常温度管理。

注意事项：

定植时选择晴天中午，阴雨天气不利于定植后的缓苗。

定植时要按苦瓜幼苗的大小、高低分级定植，不宜大小苗混栽，以防大小苗相互遮光影响生长一致。

定植宜浅不宜深。据观察，冬季低温期棚室地温主要受空气温度变化的影响，地表以下 10 厘米以上的平均温度高于 10 厘米以下的温度。且透气性好，根系生长表现活力强，因此，浅定植比深定植的苦瓜产量高。

铺膜掏苗。经过浇水和缓苗后，可在窄行两垄上盖上一块地

图 5–5–4　山东寿光孙家集街道东颜方村的铺膜掏苗 7 天后的苦瓜日光温室

图 5–5–5　山东寿光孙家集街道汤家村的日光温室苦瓜栽培
左：一畦一行滴灌管　右：一畦两行滴灌管

膜，对准苦瓜苗位置将塑料薄膜扣开圆孔，将苦瓜苗掏出，铺膜可保地温和冬季在膜下灌水，可有效防止棚室内湿度过大，引发病害（图 5–5–4）。

滴灌管。滴灌管可以一畦一行，也可以一畦两行（图 5–5–5）。

二、管理

越冬茬苦瓜种植于 11 月上中旬，而从此时开始气温较低，时有冷空气，甚至霜冻等造成苦瓜生长不良或被冻死。为确保苦瓜正常生长发育，棚内白天气温保持在 18~28℃，夜间 12~18℃。棚内气温日变化为：由凌晨的 12℃上升到中午的 28℃，当午后棚内气温超过 30℃时立即开天窗通风降温，当降至 25℃时关闭天窗停止通风，日落前盖草苫时为 21~22℃。上半夜不低于 16℃，下半夜不低于 12℃。若遇连阴雪天气，棚内气温应保持在白天不低于 18℃，夜间不低于 10℃，凌晨短时间最低温度不低于 8℃。

因苦瓜喜温热气候，棚内适宜温度为 22~30℃，空气相对湿度为 70%~80%，如棚室内温度高于 30℃，应及时打开棚口通风，避免叶片灼伤，减少白粉病发生。到 3 月中下旬，棚内温度高于 30℃时，日间应打开棚顶放风口通风。到 4 月中下旬气温趋于稳

定且日平均气温超过 20℃时即可将棚顶风口和前裙膜完全打开，注意打开棚前裙膜应有一个渐进的过程。

遇到连续阴雪天气时，白天应及时扫除棚膜上面的积雪，争取散光照和刹那间半晴或晴光照。也可于棚内挂电灯或其他灯补光。若遇到连续 4~5 天的阴雪天气又骤然转晴后，切勿早揭和全揭棉苫，应采取“揭花苫，喷温水，防闪秧”的管理方式科学管理。

越冬茬苦瓜安全度过低温寡照期的管理也很重要，越冬栽培苦瓜，进入开花结果期时，外界开始进入低温期，光照度明显下降，对苦瓜的开花结果和生长十分不利。此时，应抓好以下四项工作，才能安全度过低温寡照期。

第一，温度管理。苦瓜对温度条件要求高，长期低温，必然影响生长发育。长期的管理中心任务就是棚室保温。首先检查棚室的保温性能。堵塞透气、散温的墙缝和结合部位。在低温期还要增加棚室保温的覆盖材料，如棉苫上再加盖防雨膜。连续低温阴雨天气，气温下降较多时，就应该考虑加温。苦瓜低于 13℃时就不生长，5℃时就会受害。在棚室温度降至 7~8℃时，就应采取临时加温的方法补充温度。加温可采取多种形式，如用电热线、炭火煤炉等加温。采用加温设备，要严防人员、蔬菜煤气（一氧化碳）中毒。

第二，光照管理。苦瓜进入结果期，需要光照时间较长。光照强，植株生长快，化瓜少，结瓜多，挂条长，产量高。连续阴雨，光照弱时，化瓜严重，坐果很少。越冬茬栽培，低温和寡照经常出现，要加强棚室光照管理，为了让光照时间延长进光量大，在温度条件许可的情况下，早晨早点揭棉苫，每天揭开棉苫后清扫棚膜，每隔 5~7 天需刷洗一次棚膜，始终保持棚膜清洁，以利于透光。阴雨、下雪天气也要强行揭开几张棉苫，让其进入一些散光。越冬茬栽培时缺乏经验的菜农在低温阴雨天气只顾保温，长达 5~7 天不揭棉苫，待天气转晴揭开棉苫时则死棵的现象严重。有条件的棚室可以进行人工补光，棚室内吊挂灯泡和碘钨灯，每隔 8~10 米吊 1 个灯泡，可减少阴雨天化瓜。

第三，湿度管理。苦瓜在适温条件下耐湿能力很强，但是在

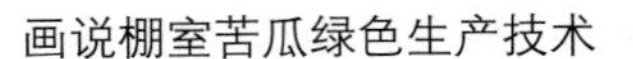

低温寡照的条件下，空气湿度过大，会诱发大量病害，如疫病、灰霉病等。应在低温期不断通风排湿。另外，棚室空间小，施肥量大，有机肥分解过程中释放出大量有害气体，通风排湿可将有害气体排出，换入新鲜空气，避免有害气体对植物的危害。

第四，植株调整。在低温寡照时期，植株虽然生长慢，由于时间长，植株下部叶片老化和侧蔓多，与结瓜争夺养分。为减少不必要的养分消耗，及时去掉下部发黄叶、发脆叶和发病的老叶，侧蔓留 1~2 叶片打顶，以保持行间的通透性，可减少发病机会。剪叶、打顶时应选择在晴天中午进行，如在阴天进行，伤口愈合慢，伤流多，伤口还会在高湿条件下感染病害。

第六节　越夏延秋茬苦瓜栽培关键技术

寿光苦瓜菜农有着丰富的多茬口苦瓜错季栽培经验，也有着敏锐的市场销售嗅觉，近年来在大部分菜农都争相向日光温室（暖棚）冬春茬、早春茬、秋冬茬、套种等高效栽培模式拥挤的时候，主动错季抓空挡，打开时间差，利用大棚（冷棚）种植纯茬越夏延秋苦瓜，收获期从夏季一直维持到上冻为止，由于错开竞争高峰，抓住了夏、秋、初冬三个季节上市，人无我有，市场销路照样很好，同时冷棚的投资比暖棚要少得多，属于短平快苦瓜种植模式，也能取得很好效益。据调查，孙家集街道集中越夏茬苦瓜

图 5-6-1　山东寿光孙家集街道前王村的南北向越夏苦瓜大棚

图 5-6-2　山东寿光孙家集街道张家寨子村的东西向越夏苦瓜大棚

产区如前王村、一甲村、张家寨子村等地域的塑料大棚，既有南北向的（图 5-6-1），也有东西向的（图 5-6-2）。长度 80~100 米，宽度 13~15 米的居多。

一、越夏苦瓜的品种选择

选耐热、高产的“维吉特”“绿帅”“中绿”“长白”等苦瓜品种。

二、育苗

4 月中下旬至 5 月中下旬均可播种育苗，苗龄 30 天左右。由于苦瓜种皮坚硬，且发芽不整齐，一般将发芽种子直接点播基质穴盘中或营养钵里，覆盖基质或营养土 1.5 厘米左右。在真叶第 1 片展开、第 2 片露尖时，喷施 1 次浓度为 20~40 毫克 / 升的赤霉素溶液，以增加雌花数，降低雌花的节位，增加早期产量，这样可使苦瓜提早 7~10 天采收。

三、定植

定植时间可以根据历年市场价格和种植经验拉得开一些，寿光孙家集街道前王村、堤里村、岳寺李村、汤家村一带，南北向大棚的苦瓜定植时间，一般从 5 月上中旬开始，一直陆续定植到 7 月上中旬，有经验的瓜农一般会采用自家的 2~3 个棚也错季栽培的办法，每个棚都错开 15~20 天，甚至一个月，来围堵市场价格的高价格期以增加收益，苦瓜苗原则上 3 叶 1 心期时定植。从基质穴盘中或营养钵中选粗壮、无病菌的苦瓜苗，带坨定植于棚内，浇足定植水。苦瓜栽苗不能太深，因苦瓜苗较纤弱，太深易造成根腐烂而死苗。

苦瓜定植的行距和间距，可根据不同苦瓜品种的生长特性，在 1.0~2.0 米选择，密植还是稀植，有时取决于瓜农希望苦瓜早下还是晚下，希望前期产量高还是后期产量高，一般说密植早下，稀植晚下，密植前期产量高。据调查，寿光孙家集街道前王村的两户苦瓜的越夏延秋栽培，既有相同点，也有不同点，共同点是

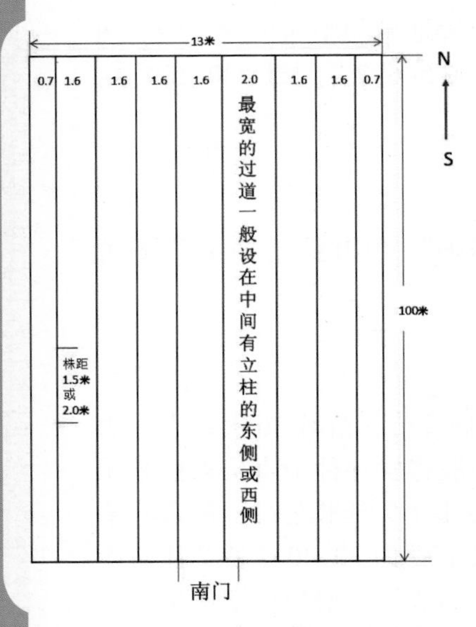

图 5-6-3　寿光孙家集街道前王村的两户苦瓜的大棚越夏延秋栽培模式

单排，共 8 排，绿帅苦瓜株距 1.5 米，维吉特 VB-11 苦瓜株距 2.0 米

大棚最中间（有立柱）的东侧或西侧的过道稍宽，2.0 米左右，便于小型农用车和手推车等车辆进出（图 5-6-3）。张姓瓜农种植"绿帅"苦瓜品种，南北向大棚，100 米长，13 米宽，苦瓜种植采用单排模式，一共种植 8 排，平均行距 1.6 米左右，株距 1.5 米左右，每排约 66 株，一个棚种植约 533 株，2017 年 7 月 10 日定植，45 天之后即 2017 年 8 月 25 日左右开始采瓜，采收期约达 4 个月，直到外界上冻为止（图 5-6-4）。另一户王姓瓜农种植"维吉特 VB-11"苦瓜品种，南北向大棚，100 米长，13 米宽，苦瓜种植采用单排模式，一共种植 8 排，平均行距 1.6 米左右，株距 2.0 米左右，每排约 50 株，一个棚种植约 400 株左右，2017 年 5 月 30 日定植，50 天之后即 2017 年 7 月 20 日左右开始采瓜，采收期约达 5 个月，也是直到外界上冻为止（图 5-6-5）。

图 5-6-4　寿光孙家集街道前王村的"绿帅"苦瓜的大棚越夏延秋栽培

图 5-6-5　寿光孙家集街道前王村的"维吉特 VB-11"苦瓜的大棚越夏延秋栽培

四、田间管理要点

肥水管理：缓苗后每 7~10 天浇 1 次水，每亩施尿素 100 千克、复合肥 50 千克开花结果期结合浇水施 1~2 次肥，每次每亩 施复合肥 30 千克。

整枝吊蔓：当主蔓长至 40~50 厘米时进行整枝吊蔓。吊蔓时把侧蔓全部摘除，结果后期可留几条侧蔓，以增加后期产量。及时摘除老叶、病叶、黄叶。

人工授粉：棚室内栽培苦瓜须进行人工授粉，一般在 10：00

图 5–6–6　新开的苦瓜雄花
品种："绿帅"苦瓜　地点：寿光孙家集街道前王村大棚

图 5–6–7　新开的苦瓜雌花
品种："绿帅"苦瓜　地点：寿光孙家集街道前王村大棚

图 5–6–8　摘取新开的雄花，对着雌花进行花对花接触式人工授粉
品种："绿帅"苦瓜　地点：寿光孙家集街道前王村大棚

图 5–6–9　授粉第二天的雌花，花瓣逐渐萎蔫
品种："绿帅"苦瓜　地点：寿光孙家集街道前王村大棚

前后，摘取新开的雄花（图 5–6–6），对着雌花（图 5–6–7）进行花对花接触式授粉，一般一朵雄花可授粉 3~4 朵雌花（图 5–6–8）。授粉第二天的雌花，花瓣逐渐萎蔫（图 5–6–9）。夏季授粉后约 20 天后即可摘瓜，秋冬季则需 25~30 天方可摘瓜。

五、病虫害防治

苦瓜根系发达，长势旺，病害相对较少，主要有斑点病、蔓枯病等；虫害主要有美洲斑潜蝇、白粉虱等。斑点病用 40% 多硫悬浮剂 500 倍液防治，蔓枯病用 70% 甲基硫菌灵 800 倍液、60% 防霉宝超微可湿性粉剂 800 倍液喷雾，隔 10 天喷 1 次，连续 2~3 次；美洲斑潜蝇用 1.8% 阿维菌素 3 000 倍液喷雾防治；白粉虱用 25% 阿克泰水分散颗粒剂 5 000 倍液或 10% 扑虱灵乳油 1 000 倍液喷雾防治，也可用黄板诱杀。

六、采收

苦瓜是以嫩瓜供人们食用，接近成熟时熟度转化很快，故要及时采收。采收标准是开花后达到一定日历天数方可采收，根据品种不同，采瓜时间也不同，大多数苦瓜品种夏季一般至少 15 天以上、秋季至少 20 天以上，果实的条状和瘤状凸起膨大，果顶变为平滑且开始发亮，果皮由暗绿转为鲜绿并有光泽，种植管

图 5–6–10　定植后第 99 天的“维吉特 VB–11”苦瓜，正值采收旺季
左：装卸苦瓜的塑料周转箱及运输农用车
右：100 米南北向大棚的南门　地点：寿光孙家集街道前王村

理得当，一般可采期能达到 5~6 个月以上（图 5-6-10）。

第七节　苦瓜套作栽培关键技术

一、黄瓜套作苦瓜

（一）日光温室衬盖内二膜黄瓜套种苦瓜周年生产

图 5-7-1　日光温室内二层膜、小拱棚与地膜覆盖种植苦瓜

日光温室衬盖内二膜苦瓜周年生产，是寿光菜农的独创，具有较强的科学性和实用性。所谓日光温室内二层膜与地膜覆盖，均属于多层薄膜覆盖的栽培模式（图 5-7-1），在日光温室内种植喜温和耐寒性差的苦瓜等作物时，可在深冬季节加挂二层膜，形成“棚中棚”。并在温室前沿处，加挂一保温膜（高度 1.3~1.5 米），可减少温室前部热量散失。上述措施在寒冷天时室内最低温度可提高 3~5℃。同时，日光温室采用地膜覆盖也已基本普及，对提高室内温度和降低空气湿度发挥了重要作用。近年来，在地膜覆盖上有了新的方式：一是采用小拱棚式覆盖，增温效果显著；二是在地膜覆盖的情况下，于行间膜上再覆盖一层麦秸或其他碎草，覆草的作用是白天吸热，夜间吸潮。

山东寿光在发展日光温室蔬菜生产中，将苦瓜作为主要蔬菜之一。目前推广面积最大的栽培模式是日光温室越冬茬黄瓜套种苦瓜，苦瓜采收期从每年的 5 月下旬一直延续到 9 月下旬，在产品供应上填补了夏秋淡季，经济效益显著，但在菜价较高的冬、春两季未能生产苦瓜。在日光温室衬盖内二膜栽培苦瓜可弥补之

不足，实现周年生产，四季供应。一般于8月中旬播种育苗，9月下旬定植于日光温室内，11月上旬进入结果期，持续结果至翌年9月中旬，栽培历期400天。其中，播种至定植40天，植于日光温室栽培360天，于温室内持续结果320天，平均每亩产量20 000千克左右，其中冬春两季产7 500千克，按8元·千克$^{-1}$计算，销售收入6万元；夏秋两季产苦瓜12 500千克，按1.6元·千克$^{-1}$计算，销售收入2万元，年收入合计8万元左右。目前，该技术在寿光孙家集街道边线王村、南刘村、汤家村和纪台镇任家村等地推广。

1. 采用采光、保温性好的日光温室和优质内二膜

在寿光地区，越冬茬苦瓜衬盖内二膜栽培，要选择采光性能好和保温性能强的日光温室。内二膜又叫二膜，具有柔韧性强、透光性好、保温性、流滴性、消雾性、防老化性等功能。在日光温室衬盖一层内二膜与不衬盖内二膜相比，冬春两季温室内夜间最低气温要高出3~5 ℃，而且每天中午前后通过轮换开闭温室外层棚膜和内二膜的通风口，基本解决了通风换气与保温的矛盾，保证了苦瓜正常开花结果。在保护地蔬菜生产上，内二膜的用途较广，既可在日光温室内用，又可在拱圆形塑料大棚内用，还可直接作为小拱棚的棚膜。用作内二膜一年后，第二年可作地膜应用。因目前内二膜产品规格不统一，现将寿光菜区采用较多的“地王牌”内二膜介绍如下：幅宽600~1 000厘米，厚度0.025厘米，比重0.94，银白色，柔韧性强，耐用。使用面积一般为净栽培面积的1.7~1.8倍。按上述标准，1千克内二膜的展开面积为43平方米，每亩净栽培面积需衬盖内二膜1 134~1 201平方米，折合26.4~27.9千克。

2. 选用优良品种

苦瓜于日光温室中周年栽培，所选用的品种必须具备以下特点：既较耐低温，又较耐高温、高湿；既要早熟，又要高产、不易早衰；为适于连作，还必须抗苦瓜枯萎病和黄萎病。考虑到鲜果的内销和出口，其果实应具备以下特点：果面油绿，瘤状粒平缓而排列均匀，果肉厚；瓜条长度适中，顺直，耐贮运。经过多

年栽培实践，表现较好的品种有：广州冠中 1 号苦瓜、赣优 2 号苦瓜、中华玉秀、北部湾 3 号、寿光中长绿、川苦 6 号、广东丰绿苦瓜、夏蕾苦瓜等。

3. 采用穴盘育苗

苦瓜发芽出苗需要 33~35 ℃的高温；苗期生长和花芽分化需要 20~30 ℃日温、8~12 ℃夜温和 10~11 小时的短日照。而 8 月中旬播种育苗，虽然高温有利于发芽出苗，但昼夜温差小和日照时间长，不利于苗期花芽分化。尤其是日照长达 12~13 小时，使幼苗发育迟迟不能通过短日照阶段，势必造成现蕾开花迟，开花结果少，前期产量低。而穴盘育苗，因幼苗集中，苗盘便于移动，也便于遮光进行短日照处理和加大昼夜温差，从而创造促进幼苗壮旺和花芽分化的环境条件，使苦瓜苗壮早发，早现蕾开花，多开花结果，提高前期产量（图 5–7–2）。

图 5–7–2　苦瓜的穴盘育苗

4. 增施基肥，高温闷棚

前作倒茬后，立即清洁棚室，每亩撒施已腐熟的农家有机肥（厩肥、人粪尿、土杂肥等）10 立方米、磷酸二铵和硫酸钾各 25 千克。均匀撒于田面后耕翻地 30 厘米深，使肥料分散于耕作层中，然后耧平地面。苦瓜定植前 10 天左右，选连续晴朗天气，用 15% 菌毒清可湿性粉剂 450 倍液，喷撒日光温室内的地面、墙面、立柱面消毒，密闭 3~4 天，第 2、第 3 天中午前后室内气温可达 60 ℃以上；5 厘米 土层地温可达 50 ℃以上。然后大开通风口，通风降温至适于苦瓜苗期生长的温度。

5. 搭高架，衬盖内二膜

日光温室苦瓜周年栽培，“秋分”前后开始衬盖内二膜，翌年“立夏”前后撤走。膜的宽度为：室内苦瓜种植行距乘以行数

再加上 30 厘米。例如苦瓜的平均行距为 90 厘米，每 8 个行距盖一幅内二膜，采用的内二膜的幅宽为 750 厘米。这样，衬盖内二膜时，可使各幅膜的 15 厘米宽膜边相重叠，并正覆盖于吊架的顺行铁丝上，以便用铁夹子夹固。衬盖内二膜时要先搭高架。日光温室内用东西向拉紧钢丝（26 号）与南北向顺行铁丝（14 号）搭成的吊架，可兼作衬盖内二膜的骨架，但应比单纯作吊架用的要略高些。并因大棚的采光斜面是北高南低倾斜和便于内二膜流水，防水滴，所以搭的架必须北高南低呈倾斜状。搭架时对北、中、南三条东西向拉紧钢丝的固定高度，宜分别为 250~270 厘米、210~230 厘米、160~180 厘米，并将各条南北向顺行吊架铁丝拉紧，套拴于南、北两边的东西向拉紧钢丝上。上盖内二膜时，将膜伸展开，以南北向拉紧，从室内的一头开始，一幅挨一幅地伸展，盖于顺行铁丝和东西向拉紧钢丝上，往另一头衬盖。并将重叠的膜边用铁夹子夹固于顺行铁丝上。衬盖于四周围的内二膜，垂直落地后要余 30~40 厘米，以便铺地面后用土或用砖压住，同时用铁夹子将围盖的内二膜夹固于四周围的架膜钢丝上。

6. 起垄定植，覆盖地膜

按东西向垄距 180 厘米 开沟起垄，沟深 25 厘米，沟上口宽 50 厘米，垄面宽 130 厘米，每垄栽植 2 行，采取大小行，小行距 60 厘米，大行距 120 厘米，株距 46 厘米，每 667 平方米 定植 1 600 株。先按计划行、株距于垄面顺线开定植穴，将苗坨从穴盘中轻轻取出置于穴内，少埋土稳苗坨，然后逐穴浇水，水渗后分别从小行中间和大行中间往定植行基处培土，形成屋脊形，使小行间有小浇水沟，大行间有较大的浇水沟，以便于大、小沟轮换浇水。全棚定植完毕后，经过 10~15 天的缓苗扎根，逐畦覆盖地膜并掏苗，并使膜缝在大行中间（沟底中间）。覆盖地膜后，膜下小沟浇足定植水。

7. 伸蔓前期管理

定植后植株生长缓慢，茎细、叶小、长势弱。此期处于 9 月下旬至 11 月上旬，栽培管理的主攻方向是促根壮秧，加快地上部营养生长。

（1）调温、增光、通风、换气。“霜降”前后及时覆盖棉苫等保温物，通过适时揭盖棉苫和通风换气，调节温度，补充 CO_2，使温室内白天温度保持 25~30 ℃，夜间 17~20 ℃。勤擦拭棚膜，增加室内的光照强度。

（2）适当控制浇水。结合浇水冲施肥料在浇足定植缓苗水的基础上，不干旱不浇水，一般轻浇水 2~3 次，保持地表见干见湿。结合浇水每亩冲施三元复合肥 7~8 千克。目前寿光苦瓜产区，虽然也有少数菜农沿用沟渠式灌水，但大多数已改用膜下滴灌方式，在定植时就已经设置好滴灌管在两行黄瓜套种苦瓜中间的位置，一般一次滴灌灌水 2 小时左右，小水柱向两侧斜上方滋出，浇在黄瓜或苦瓜的根部，正好有细钢丝支撑的覆膜呈小三脚架经济又实用。

（3）整枝吊蔓。及时防治病虫害当主蔓伸长至 40 厘米左右时，抹去主蔓下部的侧枝、侧芽、卷须。在顺行铁丝上系吊绳，及时将主蔓攀绕在吊绳上。在温室的通风口覆盖 40 目的防虫网，防止害虫侵入。及时防治炭疽病、角斑病等苦瓜常发病害，可用 20% 过氧乙酸（克菌星）乳油 600~800 倍液喷雾防治。

8. 持续结果期管理

（1）不同天气的室内环境调节。

① 正常天气的室内环境调节冬春两季正常天气时，要适时早揭晚盖棉苫，延长每日的光照时间。适当推迟通风，缩短通风时间，使内二膜内的气温白天保持 28~35℃，以长时间保持 33℃左右为宜；夜间 16~22℃，以长时间保持 18~20℃为宜。入夏后及时撤去棉苫等覆盖物和内二膜。夏秋两季晴朗或少云、多云、正常天气时，要加强通风，既开天窗，又开前窗，昼夜对流通风。通过掌握通风口的大小，调节室内温度，使白天气温最高不高于 37℃，最低不低于 28℃，长时间保持 30~35℃为宜；夜间气温保持在 20~27℃。在遇到伏季高温天气时，可于傍晚在室内洒凉水，以降低夜间温度。

② 不良天气的室内环境调节对冬春寒流、阴雪等不良天气，要及时收听收看天气预报，早做御寒防冻准备。在寒流阴雪等不良天气到来的前一天，要提早覆盖棉苫，并加盖覆盖保温物。为

防止雪雨淋湿棉苫等覆盖保温物和进一步加强御寒保温，必须在日光温室最外层覆盖整体浮膜，严堵缝隙。沿温室前脚外，从东到西覆盖 1 米宽的棉苫和塑料膜。白天，只要停止降雪，就立即将棚面上的积雪扒掉，揭去浮膜，拉开棉苫等保温覆盖物，使苦瓜接受阴天散射光照和短时间光照，并于中午前后短时间开天窗和开内二膜缝口，通风换气 30~40 分钟后关闭。冬春阴天日采光 4~5 小时即可提前覆盖棉苫，并加盖浮膜保温。夏秋两季遇风雨天气，要及时关闭天窗和前窗，避风避雨。并于温室前脚外筑埂，防止雨水灌入室内。风雨过后，立即打开天窗和前窗，通风降温，切防高温闷伤苦瓜植株。③连续阴雪天骤然转晴后的管理雪后骤晴天气，为防止“闪秧”，要采取反复多次揭花帘，喷温水的措施。当室内的苦瓜受到直射强光照 30 分钟也不出现萎蔫现象时，即可停止喷温水，并将所有棉苫揭开，转入常规管理。

（2）水肥供应在苦瓜持续结果期，要满足水肥供应。冬春两季，10~12 天浇 1 次水，浇水时间选在晴天上午，浇水量以浇水后半天能洇透垄脊为标准。隔一次水施一次化肥，每次每亩 随水冲施高钾复合肥 8~10 千克，或尿素、硫酸钾、磷酸二铵各 3~4 千克。

夏秋两季，7~8 天浇 1 次水，浇水时间宜选在晴天下午。每次每亩浇水都冲施三元复合肥 10~12 千克 或沼液 1 000~1 500 千克。若发现苦瓜长势弱或有早衰现象，应及时将大行的地膜折至两边，对浇水沟两边进行中耕松土，每亩沟施腐熟的农家肥 1500~2 000 千克，然后将地膜盖好，浇水，促进肥效，壮秧。

（3）整枝理蔓苦瓜分枝性很强，室内越冬周年栽培的苦瓜，其密度是露地栽培的 3~5 倍，更需要加强整枝理蔓。首先保持主蔓生长，以主蔓和 2~3 条侧蔓持续结果。当主蔓上第一雌花出现后，在其节位之上发生的侧枝中，选留 2~3 条侧蔓与主蔓一起吊架；其余侧枝一律抹去。其后再发生的侧枝，包括各级分枝，有雌花即留枝，并于雌花后留 1 叶摘心；无雌花的则将整个分枝从基部剪去。如果各级分枝上出现相邻两朵雌花，应去掉第 1 朵，保留第 2 朵雌花结果。通过整枝理蔓，能控制营养生长过旺，改

善行株间通风透光条件，集中营养供结果。

（4）采用熊蜂授粉（图 5–7–3）和人工辅助授粉，苦瓜是虫媒花，在温室封闭环境下，宜采用熊蜂或人工授粉。600~1 000 平方米室内放一箱蜂（6 片巢脾，1.2 万 ~1.5 万头）。熊蜂授粉虽然有授粉及时、授粉率高、省工等突出优点，但熊蜂对雌花没有选择性，一些发育不良的雌花也授了粉。所以在熊蜂授粉的同时还需要人工疏果。人工授粉的方法是摘取新开放的雄花，去掉花冠，与正在开放的雌花的柱头相对授粉，也可用毛笔取雄花的花粉，往正开放的雌花柱头上轻轻涂抹。在寿光苦瓜产区，多采取熊蜂授粉与人工选择授粉相结合的方式。

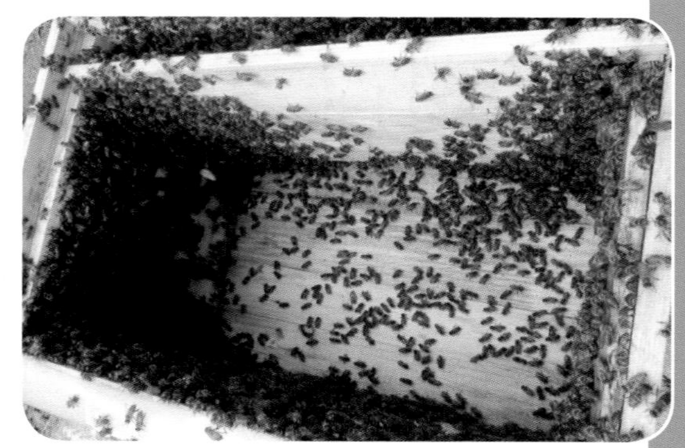

图 5–7–3　苦瓜的熊蜂授粉

9. 适时采收嫩瓜

苦瓜从开花至采收商品成熟嫩瓜，一般在冬春季需 14~15 天，夏季 8~12 天。用剪刀将瓜柄一起剪下。采收标准：瓜条充分长大，表皮瘤状凸起饱满且具光泽。白皮苦瓜表皮由浅绿变白，有光亮感时即可采收。采收过早，食味欠佳，而且产量低；采收过晚，货架期短，且瓜条顶端易开裂露出鲜红瓜瓤，失去商品价值。

（二）日光温室直接套种苦瓜栽培技术

日光温室直接进行黄瓜套种苦瓜栽培技术是目前寿光南部乡镇最为普遍、效益最高的种植模式，以三元朱村为代表的中国冬

暖式大棚发祥地孙家集街道 78 个行政村和 19 大社区，几乎村村采用此模式进行高产高效种植。内二膜技术并非非采用不可，近年冬季气温逐年转暖，根据天气预报和历年经验，寿光菜农总结出在一般年份灵活运用内二膜的经验，冬季气温适宜则不用内二膜，恶劣天气则运用内二膜，最终目的是保证和维持日光温室内合适的黄瓜与苦瓜生长温度。寿光地区是我国保护地蔬菜重要的生产基地，勤劳智慧的寿光菜农，近几年，利用保温性良好日光温室、选用抗逆性（抗寒、抗热）良好的杂交一代苦瓜品种，直接在日光温室种植或套种越冬茬苦瓜和早春茬苦瓜分别供应春节、早春和盛夏市场，取得了很好的经济效益。据调查，寿光地区的冬暖式日光温室，目前无论是苦瓜单种，还是与黄瓜等其他作物套种，绝大多数不采用内二膜栽培模式。而在早春种植苦瓜的大棚（拱棚称冷棚）内，则有使用内二膜模式，甚至三膜、四膜的（图 5–7–4）。

图 5–7–4　早春苦瓜的大棚内使用的内二膜

近年来，许多农户在头年 9 月日光温室种植黄瓜同时套种苦瓜，利用苦瓜低温条件下生长缓慢的特点，待第 2 年 5 月黄瓜采收完毕，黄瓜拉秧前后，将苦瓜吊蔓生长，苦瓜在 7 月左右清茬。黄瓜生长期约 8 个月，结果期 5~6 个月；苦瓜生长期约 10 个月，其中前期匍匐在黄瓜秧之下、与黄瓜共生 8 个月，之后黄瓜拉秧，再独立生长 2 个月，其中黄瓜未拉秧前，维持一段黄瓜与苦瓜共同摘瓜时期，结果期 4~5 个月，黄瓜与苦瓜各不影响（图 5–7–5）。也有的农户在第 2 年 2 月（农历正月二十之后）就将黄瓜拉秧，

图 5–7–5　山东寿光孙家集街道岳寺李村日光温室种植黄瓜同时套种苦瓜

让喜高温的苦瓜在春季快速结果，迎接苦瓜高价位时期，7 月左右苦瓜再拉秧。黄瓜生长期约 5 个月，苦瓜生长期约 10 个月，拉秧的早晚视当时的市场价格灵活掌握。一般说，如管理得当，每亩产黄瓜 15 000~20 000 千克、苦瓜 4 500~6 000 千克，收益达 7 万 ~8 万元，是一项值得总结推广的技术。现将此模式介绍如下：

1. 播前准备

目前寿光地区生产上所用的日光温室多为半地下建造型。利用当地地下水位高的特点，耕作面下挖 40 厘米 以内为宜，后墙基部厚度 5~6 米，用推土机推土堆成、然后反复碾压压实，用挖子齿将内墙土墙壁切成一定坡度的光滑斜面，一般说后墙高 3.0~3.2 米，最高处为 4.2~4.3 米，长度 80~100 米均有，跨度 9~13 米。大多数有立柱，东西向立柱间距一般为 3.6 米，当地菜农称为“一间”，种植 3 畦，每畦 2~3 行，以 2 行居多，南北向立柱间距一般为 3.0 米，采用滴灌系统，有膜下滴灌和裸露滴灌两种，大多数为膜下滴灌。也有采用钢制拱形架结构或花子梁结构，中间无立柱，但造价较高，多为育苗厂和蔬菜种植园区使用。

2. 选用良种培育壮苗

（1）黄瓜。选用津研系列中的刺瓜类型品种。一般于 8 月上中旬播种。种子催芽前用温水浸泡 6 小时左右后于 28℃下催芽，将出芽的种子播在穴盘基质中，或盛有营养土并且浇透水的育苗钵 (或营养土块、纸袋等) 中，每穴孔或每钵 1 粒，覆盖约 1 厘米的营养土，注意不要让种子戴帽出土。播种前，最好用硫黄或百菌清烟雾剂等对育苗环境进行熏棚处理，出苗之前不要浇水。整个苗期由于夜温高，为防徒长，要严格控制水分。为促进雌花分化可在苗期 (1~5 天时期) 用 100 毫克 / 千克乙烯利喷洒叶面 2~4 次。雌性系品种则不用处理。

（2）苦瓜。一般比黄瓜晚 1~2 天 播种，也可差开晚 7~10 天播种。虽然苦瓜是短日照植物，但目前生产上应用的品种对日照要求不严，因此一般选用长绿苦瓜、绿冠 3 号苦瓜、绿状元苦瓜、新农村苦瓜、超群 523 苦瓜、新超越等。苦瓜种皮较厚，选用温水浸泡 12~24 小时后，为加快出芽，可用钳子夹开或用嘴嗑开后

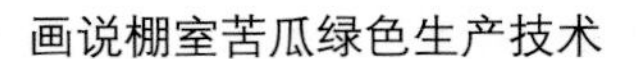

置于 28℃下催芽，待芽出齐后播种，方法同黄瓜。为管理方便可于黄瓜放于一处管理。由于气温高要注意水分管理，滴灌以幼苗不出现萎蔫为度。为防止病毒病发生，可用 0.2% 的磷酸二氢钾叶面喷施。

3. 适时定植加强管理

（1）定植。黄瓜根系浅，吸收能力弱，因此温室内应施足基肥，每亩施用豆粕 250 千克、过磷酸钙 40 千克、三元复合肥 50 千克，适度深耕后筑畦。目前黄瓜套种苦瓜定植模式主要有 3 种：

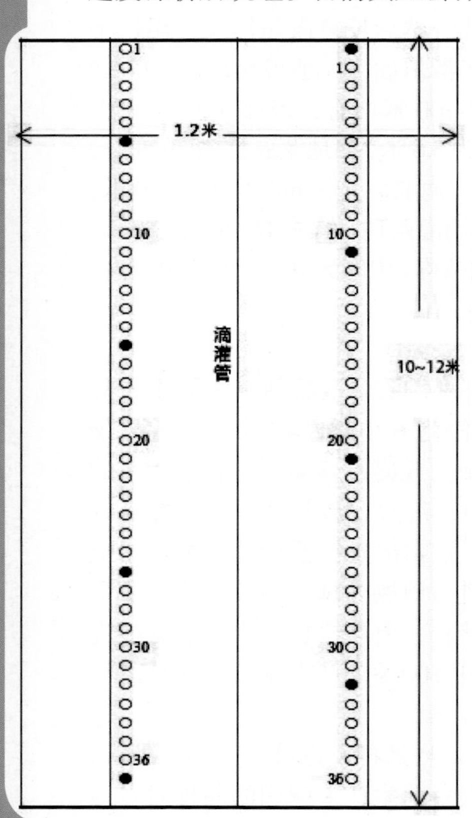

图 5–7–6　1 畦 2 行黄瓜套种品字形苦瓜模式

○ 黄瓜　● 苦瓜

① 1 畦 2 行黄瓜套种品字形苦瓜模式：在约 1.2 米宽的畦内种植 2 行黄瓜，行距约 60 厘米，株距 30~35 厘米，南北 12 米跨度的棚室每行约定植 36 株黄瓜，2 行约 72 株黄瓜，苦瓜则可呈“品”字形斜对定植在 2 行之间，2 行一共种植 7~8 株，苦瓜株距约 1.5 米。“每间”合计种植黄瓜 200~216 株，苦瓜 21~24 株。每亩的日光温室定植 3 000~3 200 株黄瓜，315~360 株苦瓜（图 5–7–6）。2 行之间有滴灌管进行膜下滴灌。滴灌管上方地膜由细钢丝撑起形成小三角状（图 5–7–7），地膜与地面保持一定距离，每次滴灌都能看到地膜下面附着的水滴，这对于降低棚室内湿度，减少病虫害、提高低温，有多方面的好处。株距、行距和每亩的定植总株数，并非一成不变，可根据黄瓜、苦瓜的

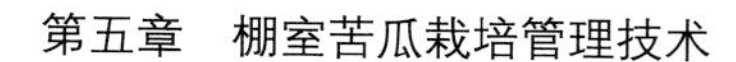

品种特性、种植经验及棚室肥力和管理来具体确定。另外黄瓜和苦瓜即可同时定植，也可先定植黄瓜，过 3~10 天再补充定植苦瓜。然后统一铺膜掏苗。

图 5–7–7　滴灌管上方地膜由细钢丝撑起形成小三角状

②1 畦 2 行黄瓜套种单行苦瓜模式：在约 1.2 米宽的畦内种植 2 行黄瓜，行距约 60 厘米，株距 30~35 厘米，南北 12 米跨度的棚室每行约定植 36 株黄瓜，2 行约 72 株黄瓜，苦瓜则可补充定植在 2 行中的任何 1 行，在一个棚室内，或统一都是套在东边 1 行，或统一都是套在西边 1 行，形成 1 行单纯黄瓜、另 1 行为黄瓜苦瓜套种的模式，每行一共种植苦瓜 7~8 株，苦瓜株距约 1.5 米，或者说每隔 4~5 株黄瓜插种植 1 株苦瓜（图 5–7–8）。“每间”合计种植黄瓜 200~216 株，苦瓜 21~24 株。每亩的日光温室定植 3 000~3 200 株黄瓜，315~360 株苦瓜（图 5–7–9）。2 行之间有滴灌管进行膜下滴灌。株距、行距和每亩的定植总株数，并非一成不变，可根据黄瓜、苦瓜的品种特性、种植经验及棚室肥力和管理来具体确定。另外黄瓜和苦瓜即可同时定植，也可先定植黄瓜，过 3~10 天再补充定植苦瓜。然后统一铺膜掏苗。

图 5–7–8　1 畦 2 行黄瓜，西侧或东侧套 1 单行苦瓜，可先定植黄瓜，后定植苦瓜

③1 畦 2 行黄瓜中间加 1 单行苦瓜模式：在约 1.2 米宽的畦

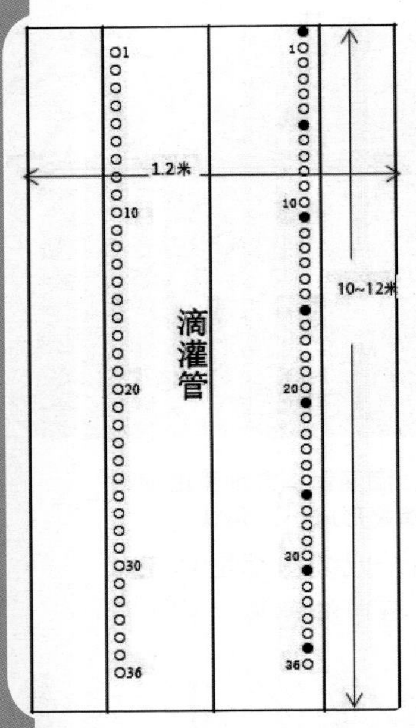

图 5-7-9　1 畦 2 行黄瓜套种单行苦瓜模式
○ 黄瓜　● 苦瓜

内种植 2 行黄瓜，行距约 70 厘米，株距 30~35 厘米，南北 12 米跨度的棚室每行约定植 36 株黄瓜，2 行约 72 株黄瓜，苦瓜则定植在 2 行黄瓜的中间，或者说 2 行黄瓜中间另起 1 行苦瓜，每行一共种植苦瓜 7~8 株，苦瓜株距约 1.5 米，或者采取高密度苦瓜种植，苦瓜株距 60 厘米左右，1 行种植 20 株左右。“每间”合计种植黄瓜 200~216 株，苦瓜 21~60 株。每亩的日光温室定植 3 000~3 200 株黄瓜，315~900 株苦瓜（图 5-7-10）。3 行之间设置 2 排滴灌管进行膜下滴灌。株距、行距和每亩的定植总株数，并非一成不变，可根据黄瓜、苦瓜的品种特性、种植经验及棚室肥力和管理来具体确定。另外黄瓜和苦瓜即可同时定植，也可先定植黄瓜，过 3~10 天再补充定植苦瓜。然后统一铺膜掏苗。

（2）温度管理。定植后要使温室内温度白天达到 28~32℃、夜间 20℃以上。缓苗后可适当降低温度；当第 2 片真叶展开后可适当降低夜温，以利雌花分化。在 1~2 月天气最冷时，要对植株进行低温锻炼，天气渐暖后，进入盛瓜期，可以进行正常的温度管理。由于温室内不加温，因此，所有温度控制均通过通风进行。值得注意的是，春季气温回升后，室内有毒气体增多，需加大通风量。

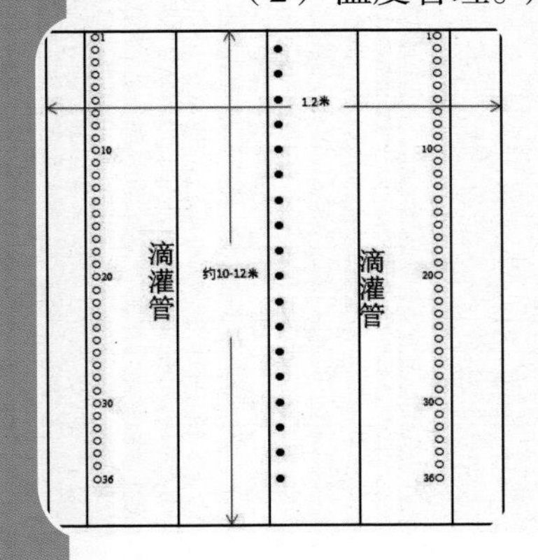

图 5-7-10　1 畦 2 行黄瓜中间加 1 单行苦瓜模式
○ 黄瓜　● 苦瓜

4. 黄瓜栽培管理

（1）整枝。黄瓜定植缓苗后要及时吊蔓，5 节以下的侧枝全打掉，而苦

瓜前期基本匍匐在黄瓜之下，即使吊蔓也不要超过黄瓜高度（图5–7–11）。以主蔓结瓜为主的黄瓜品种，植株生长的前期及中期可以不留侧枝，上部侧枝见瓜后留两叶摘心。雌性系品种第5节以下的瓜全部去掉。1节多瓜的品种要根据植株生长状况进行疏花疏果。

（2）水肥管理。缓苗后根据土壤湿度确定是否浇水，此时根瓜初长，尚未坐住，为防止茎叶徒长，引起化瓜，要控水控肥，加强中耕，直到根瓜坐稳。但雌性系品种应缩短缓苗时间，尽量控水。根瓜采摘后追肥，每亩施入尿素15千克；至气温渐低后，浇水间隔可延长到10~12天，选在晴天上午进行，要使水温与室温相近，以防刺激根系。至春季气温回升后，进入结瓜盛期，应加大浇水量，同时追肥要少施多次，一般每8~10天施入硝酸铵20千克左右。至顶瓜生育期，因盛果期已过，植株开始进入衰老阶段，需水量必然减小，可进行叶面喷肥，延迟茎叶衰老，延长结果期，增加产量。

图5–7–11　黄瓜5节以下的侧枝全打掉，苦瓜前期则不用太管，吊蔓高度不要超过黄瓜

（3）病虫害防治。黄瓜生长期内易发生霜霉病、细菌性角斑病和白粉病等。霜霉病可采用40%多菌灵可湿性粉剂750倍液防治；细菌性角斑病可用77%可杀得可湿性微粒剂400倍液防治；白粉病可用特富灵可湿性粉剂4 000倍液防治。害虫主要有蚜虫、小菜蛾等，蚜虫可喷施吡虫啉可湿性粉剂1 000倍液防治，小菜蛾等可使用2%阿维菌素或甲氨基阿维盐2 500倍液防治。

（4）采收。采收时应注意，根瓜要早收。进入腰瓜采收期后，植株生长势强，可适当晚收，气温变低后要轻收。整个黄瓜生长期内，对苦瓜的管理只要保持其健壮生长即可。

5. 苦瓜栽培管理

（1）温度管理。5 月底待黄瓜采收拉秧后，及时去除残茬。此时气温升高苦瓜生长迅速，用细尼龙绳吊起瓜秧，使其向上方生长。此时应进行大通风，并在通风口前设置防虫网，保持白天适温 25~32℃，夜间 15~20℃。

（2）整枝授粉。苦瓜主侧蔓结瓜，不用摘心。结合绑蔓，适当剪去基部细弱侧枝及过密衰老黄叶，以利通风透光。苦瓜开花后，为提高坐瓜率，每天都要进行人工授粉。授粉时间以 9:00 左右为宜。

（3） 水肥管理。随产量增加，增加肥水供应。待第 1 个瓜全部坐住并开始膨大时，随浇水每亩施入尿素 10~15 千克。因苦瓜根系比较发达，植株生长势较强，浇水不要过勤过大，以免造成光长秧不结瓜。

（4） 病虫害防治。苦瓜抗病性较强。生长后期易得白粉病和霜霉病，可使用 40% 多菌灵可湿性粉剂 750 倍液或特富灵可湿性粉剂 4 000 倍液防治。

（5）采收。苦瓜宜采收嫩瓜。一般当幼瓜充分长大时，果皮瘤状凸起膨大，果实顶端开始发亮时采收。

二、其他作物套作苦瓜

（一）番茄套作苦瓜

番茄于 7 月中旬播种育苗，8 月下旬至 9 月上旬移栽，翌年 5 月拉秧；苦瓜于 10 月上旬、中旬育苗，11 月中旬、下旬移栽，沿南北行立柱定植，每行植 8 棵，翌年 9 月下旬至 10 月上旬拉秧。

（二）辣椒套作苦瓜

辣椒于 6 月上旬或 7 月上旬育苗，8 月下旬至 9 月上旬移栽，翌年 5 月中旬拉秧；苦瓜于 10 月上旬育苗，11 月中旬移栽，沿南北行立柱定植，每行植 8 棵，翌年 9 月下旬至 10 月上旬拉秧。

（三）苦瓜套作苦瓜

苦瓜于8月上旬嫁接育苗，9月下旬移栽，翌年5月拉秧；苦瓜于10月上旬播种育苗，11月中旬移栽，沿南北行立柱定植，每行植8棵，翌年9月下旬至10月上旬拉秧。

（四）西葫芦套作苦瓜

西葫芦于9月中旬嫁接育苗，10月中旬、下旬移栽，翌年5月拉秧；苦瓜于10月上旬播种育苗，11月中旬、下旬移栽，沿南北行立柱定植，每行植8棵，翌年9月下旬至10月中旬、下旬拉秧。

第八节　棚室苦瓜生产绿色防控集成技术

一、病害防治

棚室苦瓜栽培主要病害有炭疽病、白粉病、蔓枯病、细菌性叶斑病和病毒病。

炭疽病：发病初期喷洒50%异菌脲1 000倍液，或2%武夷菌素水剂200倍液，或40%嘧霉胺悬浮剂1 200倍液，或25%嘧菌酯800倍液，或60%吡唑醚菌酯·代森联可分散粒剂800倍液。

白粉病：发病初期喷洒2%武夷霉素水剂200倍液，或25%乙嘧酚水剂800倍液，或10%苯醚甲环唑水分散剂1 500~2 000倍液，或12.5%腈菌唑乳油5 000倍液，每7~10天喷1次，连喷2~3次。

蔓枯病：发病初期，可选用70%甲基托布津可湿性粉剂600倍液，或25%嘧菌酯悬浮剂800倍液，或25%咪鲜胺乳油1 500倍液喷雾。也可用5%百菌清粉尘剂，或5%春雷霉素·王铜粉尘剂，每亩用药1千克喷粉，隔7~10天一次，连续用2~3次。

细菌性叶斑病：发病初期及时用药防治，可选用47%春雷霉素·王铜可湿性粉剂800倍液，或77%氢氧化铜可湿性粉剂500

倍液，或 25% 噻枯唑 3 000 倍液，或新植霉素 5 000 倍液喷雾，或亩选用 5% 春雷霉素 · 王铜粉尘剂或 5% 脂铜粉尘剂 1 千克 喷粉，防治果更好。

病毒病：注意及时消灭蚜虫的同时，可喷施菌毒 · 吗啉胍 300~400 倍液，或吗啉胍 · 乙酮 250~300 倍液，每 10~15 天 一次，连喷 3~5 次；或用 83 增抗剂 100 倍液在定植前后各喷 1 次，后继续喷洒菌毒 · 吗啉胍 300~400 倍液，每 10~15 天 1 次，连喷 3~4 次，即可有效地控制苦瓜病毒病的发生与蔓延。

二、虫害防治

日光温室苦瓜常发生小型害虫，包括蚜虫、白（烟）粉虱、蓟马、美洲斑潜蝇和茶黄螨等昆（螨）虫。为了从根本上解决多年以来化学农药特别是有机磷农药带来的农药和食品安全问题，生产上主要利用天敌、寄生菌、抗生素、植物源农药等生物防治措施控制害虫为害。

（一）蚜虫

（1）发生。属于同翅目刺吸式口器害虫。危害苦瓜的蚜虫主要有瓜蚜、豆蚜和桃蚜。日光温室条件下一年四季均有发生，一般在气温 29℃左右繁殖最快。1 年可发生 20~30 代，终年危害。

（2）为害。主要以成虫、若虫群集在苦瓜叶片背面、嫩茎和花蕾上，吸食汁液，被害叶片失绿、皱缩、向下卷曲，生长缓慢，甚至枯死，花蕾败坏，花期缩短。此外，蚜虫作为主要传毒媒介，易引发病毒病，其对苦瓜的危害比蚜害本身更严重。

（3）生物防治

① 释放天敌：蚜虫发生初期，田间释放异色瓢虫低龄幼虫或成虫控制蚜害，通常按 1:100~120 的瓢蚜比释放，必要时隔 10~15 天再释放 1 次。也可定植后初见蚜虫时即可释放食蚜瘿蚊。主要采用以下 2 种释放方法：一是将混合在珍珠岩中的食蚜瘿蚊蛹均匀释放在温室中；另一种是将带有烟蚜和食蚜瘿蚊幼虫的盆栽烟苗均匀放置在温室中（烟蚜只为食蚜瘿蚊幼虫提供食物，不

会转株为害苦瓜）。前者适用于已见到蚜虫的温室，后者适用于尚未发现蚜虫为害的温室。每次亩释放 500 头，每 7~10 天 释放 1 次，连续释放 3~4 次。

② 施用寄生菌：可利用蚜霉菌和球孢白僵菌等寄生菌，蚜虫发生初期每亩用 100 亿活芽孢 / 克 蚜霉菌 WP100~150 克，兑水 50~70 千克配制菌液，或用 200 亿活芽孢 / 克的球孢白僵菌粉剂对水稀释成 1 亿 活芽孢 / 克以上的菌液喷雾，菌液要随配随用。

③ 施用抗生素：蚜虫发生初期用 10% 阿维菌素 W 克 8 000~10 000 倍液喷雾，间隔 7~10 天，连续用药 2 次。

④ 施用植物源制剂：蚜虫初发期可用 0.3% 印楝素 EC 800 倍液，或 0.5% 藜芦碱 WP 500 倍液，或 0.65% 茴蒿素 AS 400~500 倍液，或 2.5 % 鱼藤酮 EC 300~500 倍液喷雾，间隔 5~7 天，连续用药 2 次。

（二）蓟马

（1）发生。属缨翅目蓟马科锉吸式口器害虫。1 年发生 15 代左右，终年繁殖，世代重叠。蓟马怕强光，成虫或若虫通常在花心、未展开的新叶和果柄与果实连接处取食为害，若虫在 1~5 厘米表土化蛹。

（2）为害。成虫和若虫均能为害苦瓜心叶、嫩芽、花和幼嫩果实。受害叶片着生许多细密的灰白色斑纹；嫩芽呈灰褐色，节间缩短，生长缓慢，严重时扭曲、变黄枯萎，甚至枯顶；花及幼果等呈黑褐色，变硬缩小，易脱落，严重影响生长和果实商品性。蓟马作为植物病毒的传播媒介，还可传播病毒病。

（3）生物防治。

① 释放天敌：主要采用田间释放胡瓜新小绥螨、胡瓜钝绥螨等扑食螨控制蓟马危害。苦瓜苗期每株一次性释放扑食螨 8~12 头；结果期每次每株 25~40 头，隔 10~15 天释放 1 次，连续释放 2~3 次。

② 施用寄生菌：蓟马发生初期用 100 亿活芽孢 / 克的毒力虫霉 WP100~150 克，对水 45~60 千克配制菌液喷雾，菌液要随配

随用。

③ 施用抗生素：蓟马发生初期用 25 克 / 千克多杀霉素 SC 800~1000 倍液喷雾，间隔 7~10 天，连续用药 2 次。要在傍晚或早晨（没有露水时）均匀喷雾施药，重点为花、新叶及果实，同时要喷施地面。

④ 施用植物源制剂：蓟马发生初期用 0.3% 苦参碱 AS1000 倍液，或 0.5% 藜芦碱 WP500 倍液喷雾，喷药时注意喷苦瓜心叶及叶背等处。

（三）粉虱

（1）发生。包括白粉虱和烟粉虱，均属同翅目粉虱科刺吸式口器害虫。粉虱繁殖速度快，易成灾，一年发生多代，世代重叠，以成虫和若虫在日光温室内越冬或继续为害。成虫具有趋黄、趋嫩、趋光性。可孤雌生殖。若虫孵化后 3 天内在叶背可做短距离移走，群集为害。

（2）为害。白粉虱和烟粉虱以各种虫态群集苦瓜叶背吸食汁液，叶片失绿、萎蔫，严重时全株枯死；粉虱分泌蜜露，诱发煤污病，导致叶片和果实呈黑色，直接影响叶片的光合和呼吸作用以及果实的外观品质；成虫还可作为植物病毒的传播媒介，引发多种病毒病，如花叶、条斑和褪绿病毒病。

（3）生物防治

① 释放天敌：主要采用田间释放丽蚜小蜂或桨 角蚜小蜂控制苦瓜粉虱为害。释放丽蚜小蜂：平均每株 0.5 头粉虱时开始释放丽蚜小蜂。每次每亩释放 1 000~2 000 头，7~10 天 释 放 1 次，连续释放 3~4 次。将丽蚜小蜂的蜂卡挂在苦瓜植株中上部的分枝或叶柄上，温室禁止使用任何 杀虫剂。注意均匀释放；温度应控制在白天 20~35℃，夜间在 15℃以上。防止温室内湿度过大，以保证释放的蜂卵能够有效羽化、存活。释放桨角蚜小蜂：将粉虱数量充分压低后，开始释放小蜂，一般每亩释放桨角蚜小蜂 5 000~10 000 头，每隔 7~10 天释放 1 次，释放 3~4 次后，桨角蚜小蜂和 粉虱达到相对稳定平衡后即可停止放蜂。放蜂后注意温室

保温，夜间温度保持在 15℃以上。

② 施用寄生菌：发生初期用 200 亿活芽孢 / 克的蜡蚧轮枝菌 WP 对水稀释成 1 亿活芽孢 / 克以上的菌液喷雾，菌液要随配随用。

③ 施用抗生素：发生初期用 10% 阿维菌素 WG5 000~7 500 倍液喷雾，间隔 7~10 天，连续用药 2~3 次。

④ 施用植物源制剂：发生初期用 0.3% 印楝素 EC800~1 200 倍液，或 0.5% 藜芦碱 WP400~600 倍液，或 1% 苦参碱 AS600 倍液，或 0.65% 茴蒿素 AS 400~500 倍液喷雾，喷药时注意先喷叶片正面，然后再喷叶背面。

在苦瓜生产实际中，蚜虫及白粉虱可以一起防治，在通风口处用尼龙网纱罩住。利用蚜虫、白粉虱对黄色的趋性，在田间悬挂黄色捕虫板（40 厘米 ×40 厘米）以粘住蚜虫、白粉虱等。黄色板涂上黄漆和机油，挂在行间高出植株顶部，每亩 30~40 块，7~10 天重涂一次机油和黄漆，防治效果达 80%~90%。有条件的地区可进行生物防治，在苦瓜平均每株有白粉虱 0.5~1.0 头时，每亩释放丽蚜小蜂 2 800 头，每 7~10 天 1 次，共 2 次。也可用 40% 阿维 · 敌畏 1 000 倍液，或 2.5% 联苯菊酯乳油 3 000 倍液，或 25% 噻虫嗪水分散粒剂 4 000 倍液喷雾防治。喷药时注意先喷叶片正面，然后再喷叶背面。还可亩用 80% 敌敌畏 250 克拌上木粉暗火熏杀。

（四）美洲斑潜蝇

（1）发生。属双翅目潜蝇科害虫，俗称“小白龙”，以幼虫为害为主。美洲斑潜蝇世代历期短，各虫态发育不整齐，世代重叠。日光温室条件下 1 年发生 20 代以上，完成 1 代需 15~30 天，其繁殖速率随温度不同而异，15~26℃ 时 11~20 天一代，25~33℃ 时 12~14 天 1 代。日光温室内可四季危害，主要有 2 次危害高峰，分别出现在 5~6 月和 9~10 月。

（2）为害。幼虫潜入叶片和叶柄组织为害，产生曲曲弯弯的蛇形白色虫道。虫道前端针尖状，较细，随幼虫长大，终端明显变宽。成虫取食破坏叶片叶绿素，影响光合作用，严重时叶片干

枯脱落。美洲斑潜蝇的成虫亦能传播病毒。

（3）生物防治

① 释放天敌：主要采用田间释放潜蝇姬小蜂，每次每株苦瓜释放潜蝇姬小蜂雌蜂 0.13~0.19 头，7~ 10 天 释放 1 次，连续释放 3~4 次，蜂卡挂在苦瓜植株 中上部的分枝或叶柄上。

② 施用寄生菌：发生初期用 200 亿活芽孢 / 克 的金龟子绿僵菌 WP 对水稀释成 1 亿活芽孢 / 克以上的菌液喷雾，菌液要随配随用。

③ 施用抗生素：发生初期用 1% 阿维菌素 EC 1 500 倍液喷雾，间隔 7~10 天，连续用药 2~3 次。

④ 施用植物源制剂：发生初期用 1.1% 烟百素 EC 1 000~1 500 倍液，或 1% 苦参碱 AS 600 倍液，或 0.5% 藜芦碱 WP 400~600 倍液，或 0.65% 茴蒿素 AS400~500 倍液，或 10% 烟碱 EC 1 000 倍液喷雾，间隔 5~7 天，连续用药 2~3 次。

（五）茶黄螨

（1）发生。属蛛形纲、蜱螨目、跗线螨科，食性极杂。茶黄螨生活周期短，繁殖快，在 28~32℃时，4~5 天 一 代，在 18~20℃时，7~10 天一代，在日光温室的条件下，全年都可发生，但冬季繁殖能力较低，1 年 25 代左右，世代重叠。靠爬行、风力、农具、种苗等传播蔓延。茶黄螨喜温暖潮湿，一年中以 7~9 月份为害较重。成螨 较活跃，有向植侏上部幼嫩部位转移的习性。

（2）为害。成、幼螨集中在苦瓜尚未展开的芽、叶和花器等幼嫩部位刺吸汁液， 有强烈的趋嫩性，当嫩叶变老时，即由老叶转向新的嫩叶。被害幼茎变褐，扭曲或秃尖；叶片增厚僵直、变小，叶背呈黄褐色，油浸状， 好似生了一层“锈”，叶缘向下卷曲；花蕾畸形，重者不能开花，甚至落花；果实变褐色，无光泽，木栓化，龟裂。

（3）生物防治

① 释放天敌：主要释放捕食螨如拟长毛钝绥螨，在苦瓜开花至果实生长期，按照捕食螨 : 茶黄螨 = 1:20 的比例，释放拟长毛

钝绥螨 2~3 次，基本控制茶黄螨为害。释放时，剪开装有捕食螨纸袋上虚线的一角，悬挂在苦瓜植株中上部的分枝上，纸袋悬挂要牢固，防止脱落。

② 施用抗生素：在茶黄螨初发期，用 10% 阿维菌素 WG 8 000~10 000 倍液，或 2.5% 华光霉素 WP 400~600 倍液喷雾，7天防治 1 次，连防 2~3 次。

③ 施用植物性药剂：发生初期用 1% 苦参碱 · 印楝素 EC 800~1 000 倍液喷雾，间隔 5~8 天，连续用药 2~3 次。

第六章　苦瓜主要病虫害的识别与防治

第一节　苦瓜主要病害的识别与防治

一、苦瓜斑点病

（一）症状与识别

主要为害叶片，发病初期叶片上出现近圆形褐色小斑，后扩大为椭圆形至不规则形，颜色亦转呈灰褐色至灰白色，严重时病斑汇合，导致叶片局部干枯。潮湿时病斑容易破裂或穿孔（图6–1–1）。

图 6–1–1　苦瓜斑点病

（二）防治方法

（1）加强管理。在重病棚室区避免连作。避免偏施氮肥，增施磷钾肥，生长期内定期喷施植宝素或喷施宝等生长促进剂。

（2）化学防治。发病前定期用百菌清烟雾剂、甲基托布津烟雾剂防病，每 7~10 天喷 1 次。发病初期叶面交替喷洒 70% 甲基托布津可湿性粉剂 800 倍液加 75% 百菌清可湿性粉剂 800 倍液，或 40% 多硫悬浮剂 500 倍液，直至控制住病情为止。

二、苦瓜病毒病

（一）症状与识别

全株受害，尤以顶部幼嫩茎蔓症状明显。早期感病株叶片变小、皱缩，节间缩短，全株明显矮化，不结瓜或结瓜少；中期至

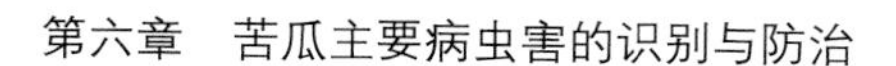

后期染病，中上部叶片皱缩，叶色浓淡不均，幼嫩蔓梢畸形，生长受阻，瓜小或扭曲；发病株率高的田块，产量锐减甚至失收（图 6-1-2）。

图 6-1-2　苦瓜病毒病

（二）防治方法

1. 农业防治

（1）播种前先将种子用 55℃恒温热水浸种 20 分钟，然后用 30℃温水浸种约 6 小时，再将种子于 30℃恒温箱内催芽。

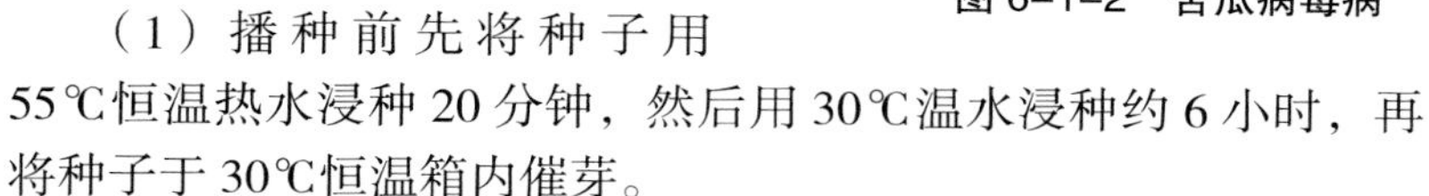

（2）及早拔除病株。喷施增产菌、多效好或农保素等生长促进剂促进植株生长，或喷施磷酸二氢钾、洗衣皂混合液（磷酸二氢钾：洗衣皂：水 = 1：1：250），隔 5~7 天喷 1 次，连续喷施 4~5 次，注意喷匀。

2. 化学防治

（1）发病初期，喷洒 24% 混脂酸铜水剂 700~800 倍液，或抗毒剂 1 号 300 倍液，或 20% 吗啉胍乙酮可湿性粉剂 450 倍液。

（2）喷洒 1.5% 植病灵乳剂 1 000 倍液，或 0.1% 高锰酸钾水溶液，或抗毒剂 1 号 300 倍液。

（3）注意对蚜虫等刺吸式口器害虫的防治。可用 20% 丁硫乳油 1 500 倍液，或 53 克 / 升吡除脲悬浮剂 650 倍液，或 4.5% 高效氯氰微乳剂 2 500 倍液，或 3% 啶虫脒乳油剂 2 000 倍液，每隔 10~15 天交替用药防治。

3. 生物防治

每桶水（15 千克）对 2% 抗毒鹰 15 毫升、威芭绿海藻酸叶面肥 15 毫升、芯展微量元素肥料 30 毫升、糖醇锌 30 毫升、1% 禾康 100~200 毫升。该配方在苦瓜病毒病防治上有很好效果，尤其是在病毒病发生高峰之前提早喷洒，可以养护叶片，大大提升植株抗病性，减少病毒病以及其他真菌、细菌性病害的发生。

三、苦瓜立枯病

（一）症状与识别

苦瓜立枯病在北方早春育苗时易发生，主要为害幼苗茎基部或地下根部。发病初期，在茎基部出现椭圆形或不规则形暗褐色病斑，逐渐向里凹陷，边缘较为明显，扩展后绕茎一周，致茎部萎缩干枯后瓜苗死亡，但不折倒。根部染病多在近地表根茎处，皮层变为褐色或腐烂。在苗床内，开始时仅个别瓜苗白天萎蔫，夜间恢复，经数日反复后，病株萎蔫枯死，早期与猝倒病不易区别。但病情扩展后，病株不猝倒，病部具轮纹或不十分明显的淡褐色蛛丝状霉（图 6–1–3）。

图 6–1–3　苦瓜立枯病

（二）防治方法

1. 农业防治

（1）选用适宜品种　选用耐热苦瓜品种，可减轻发病。

（2）适期播种，苦瓜喜温，气温高于 10℃才能正常生育，因此播期不宜过早，北方以 4 月上旬播种于棚室内为好，苗期 20~30 天。苦瓜种皮厚且硬，在早春低温条件下出苗困难，整齐度差，在土壤中停留时间长易染病。因此应在播种前采用机械破伤法，用钳子夹，使种壳破裂，但不能把种壳去掉，发芽势可明显增强。播前将种子置于 56℃温水中浸泡自然冷却到室温后，再继续浸 24 小时，然后置于 30~32℃条件下催芽，芽长 3 毫米时播种。为培育壮苗防止猝倒病，播种后应盖一层营养土，浇足水后盖膜保温保湿，出苗后喷 0.2% ~0.3% 的磷酸二氢钾 2~3 次，增强抗病力。

2. 化学防治

喷洒 69% 安克锰锌水分散粒剂或可湿性粉剂 1 000~1 200 倍

液，或 80%多福锌（绿亨 2 号）可湿性粉剂 600~800 倍液，或 95%绿亨 1 号精品 4 000 倍液。

四、苦瓜猝倒病

（一）症状与识别

又叫卡脖子、绵腐病。育苗畦中的幼苗，往往造成幼苗成片死亡，导致缺苗断垄，影响用苗计划。幼苗发病，茎基部产出水渍状暗色病斑，绕茎扩展后，病收缩成线状而倒伏。在子叶以下病，出现卡脖子现象。倒伏的幼苗在短期内仍保持绿色，地面潮湿时，病部密生白色绵状霉，轻局死苗，严重时幼苗成片死亡（图 6–1–4）。

图 6–1–4　苦瓜猝倒病

（二）防治方法

1. 农业防治

（1）加强管理。选择地势高燥、水源方便，旱能灌、涝能排，前茬未种过瓜类蔬菜的地块做育苗床，床土要及早翻晒，施用的肥要腐熟，均匀，床面要平，无大土粒，播种前早覆盖，提高床温到 20℃以上。

（2）培育壮苗。以提高植株抗性。幼苗出土后进行中耕松土，特别在阴雨低温天气时，要重视中耕，以减轻床内湿度，提高土温，促进根系生长。连续阴雨后转晴时，应加强放风，中午可用席遮阴，以防烤苗或苗子萎蔫。如果发现有病株，要立即拔除烧毁，并在病穴撒石灰或草木灰消毒。

（3）实行苗床轮作。用前茬为叶菜类的阳畦或苗床培育瓜苗。旧苗床或常发病的地畦，要换床土或改建新苗床，或进行床土消毒保苗。

2. 化学防治

（1）床土消毒，按每立方米用甲基托布津、苯来特或苯并咪唑 5 克和 50 倍干细土拌匀，撒在床面上。也可用五氯硝基苯与福美双（或代森锌）各 25 克，掺在半潮细土 50 千克中拌成药土，在播种时下垫上盖，有一定保苗效果。

（2）喷施防治。当幼苗已发病后，为控制其蔓延，可用铜铵合剂防治，即用硫酸铜 1 份、碳酸铵 2 份，磨成粉末混合，放在密闭容器内封存 24 小时，每次取出铜铵合剂 50 克兑清水 12.5 升，喷洒床面。也可用硫酸铜粉 2 份，硫酸铵 15 份，石灰 3 份，混合后放在容器内密闭 24 小时，使用时每 50 克对水 20 升，喷洒畦面，每 7~10 天喷一次。

五、苦瓜蔓枯病

（一）症状与识别

主要为害叶片、茎和果实，以茎受害最重。叶片染病，初期呈现褐色圆形病斑，中间多为灰褐色，后期病部生出黑色小粒点。茎蔓染病，病斑初为椭圆形或菱形，扩展后为不规则形，灰褐色，边缘褐色，湿度大或病情严重的常溢出胶质物，引起蔓枯，致全株枯死。病部也生黑色小粒点，即病原菌的分生孢子器或假囊壳。果实染病，初生水渍状小圆点，逐渐变为黄褐色凹陷斑，病部亦生小黑粒点，后期病瓜组织易变糟破碎（图 6–1–5）。

图 6–1–5　苦瓜蔓枯病

（二）防治方法

1. 农业防治

（1）选用抗病品种。选用耐热苦瓜品种。

（2）嫁接防病。即用苦瓜作接穗，丝瓜作砧木，把苦瓜嫁接

在丝瓜上，播种前种子先消毒，再把苦瓜、丝瓜种子播在育苗钵里，待丝瓜长出 3 片真叶时，将切去根部的苦瓜苗或苦瓜嫩梢作接穗嫁接在丝瓜砧木上，采用舌接法把苦瓜苗切断接入丝瓜切口处，待愈合后再剪 断丝瓜枝蔓，待苦瓜长出 4 片真叶时，再定植。

（3）种子消毒。选用无病种子，必要时对种子进行消毒。

（4）加强管理。施用酵素菌沤制的堆肥或充分腐熟的有机肥，适时追肥，防止植株早衰。

2. 化学防治

发病初期开始喷洒 50%甲基硫菌灵・硫黄悬浮剂 800 倍液，或 75%百菌清可湿性粉剂 600 倍液，或 60%防霉宝超微可湿性粉剂 800 倍液，或 56%靠山水分散微颗粒剂 800 倍液，或 50%苯菌灵可湿性粉剂 1 000 倍液，或 50%利得可湿性粉剂 800 倍液，或 80%炭疽福美可湿性粉剂 800 倍液，或 40%新星乳油 7 000 倍液，隔 10 天左右 1 次，连续防治 2~3 次。也可涂抹上述杀菌剂 50 倍液。

六、苦瓜叶枯病

（一）症状与识别

苦瓜叶枯病在北方发生严重，主要为害叶片，尤其进入 7、8 月高温季节 后或反季节栽培的苦瓜易发病，初期在叶脉间发生褐色小斑点，后病斑逐渐扩大，叶缘上卷， 最后叶片枯死（图 6–1–6）。

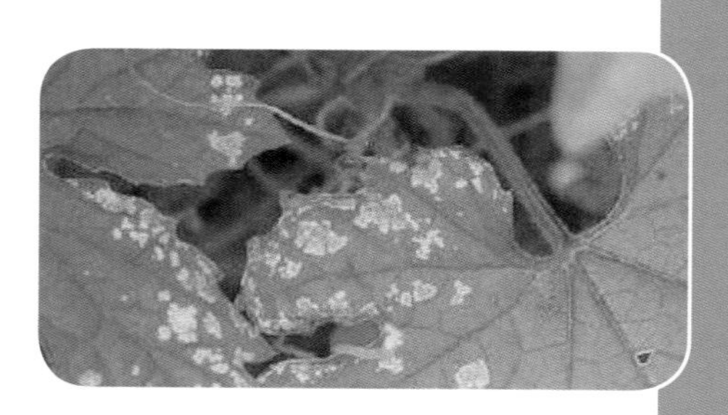

图 6–1–6　苦瓜叶枯病

（二）防治方法

1. 农业防治

（1）选用耐热品种。

（2）加强田间管理，保护地栽培棚内，及时清理沟系，防止雨后积水，适时通风换气，肥水管理采取轻浇勤浇，浇水施肥应在晴天的上午，并及时开棚通风降湿。

（3）茬口轮作，提倡与非葫芦科作物实行隔年轮作，以减少田间病菌来源。

（4）清洁棚室环境，在病害盛发期及时摘除病老叶，收获后清除病残体，并带出棚室外深埋或烧毁，深翻土壤，加速病残体的腐烂分解。

2. 化学防治

棚室栽培在发病初期，于傍晚每亩喷撒5%百菌清粉尘剂1千克，或点燃45%百菌清烟剂200~250克。露地在发病前喷药，常用农药有75%百菌清可湿性粉剂600倍液，50%异菌脲可湿性粉剂1 500倍液，80%大生可湿性粉剂600倍液和40%灭菌丹或70%代森锰可湿性粉剂400~500倍液。每隔7~10天防治1次，连续防治3~4次，采收前7天停止用药。

七、苦瓜白粉病

（一）症状与识别

主要为害叶片。初时在叶片的正面或背面长出小圆形白粉状霉斑，逐渐扩大，厚密，不久连成一片。发病后期整个叶片布满白粉，后变为灰白色，最后整个叶片黄褐色干枯。在生长晚期，有时病部产生黄褐色，后变黑色的小粒点（图6–1–7）。

图 6–1–7　苦瓜白粉病

（二）防治方法

（1）农业防治。选用抗病品种。棚室下挖深度不要过深。增施磷、钾肥，生长期避免氮肥过多。

（2）化学防治。发病初期及时用药剂防治，药剂可选用15%粉锈宁可湿性粉剂1 500~2 000倍液，或20%粉锈宁乳油2 500倍液，或50%多菌灵可湿性粉剂500倍液，或50%托布津可湿

性粉剂 500 倍液，或 70% 甲基托布津可湿性粉剂 800 倍液，或 40% 多硫悬浮剂 500 倍液，或 50% 硫黄悬浮剂 300 倍液，或 2% 阿司米星水剂 200 倍液，或农抗 120 水剂 200 倍液，或 30% 特富灵可湿性粉剂 2 000 倍液，或 47% 加瑞农可湿性粉剂 600 倍液，或 60% 防霉宝水溶性粉剂 1 000 倍液等。每 7~10 天喷药 1 次，连喷 2~3 次。

八、苦瓜疫腐病

（一）症状与识别

直接为害果实，多是成熟果实和接近成熟果发病，病部似水烫状，表面生黏质细白霉状物。病部迅速扩展，可至半个果实至整个果实，最后病瓜软化、腐烂（图 6–1–8）。

图 6–1–8　苦瓜疫腐病

（二）防治方法

1. 农业防治

（1）棚室下挖深度不可过深，避免大水漫灌。

（2）重病棚室与非瓜类蔬菜进行 3 年轮作。

（3）适时采摘，避免瓜条过熟。初见病瓜要及时摘除深埋。

2. 化学防治

发病初期及时用药剂防治。药剂可选用 25% 甲霜灵可湿性粉剂 1 000 倍液，或 14% 络氨铜水剂 300 倍液，或 96% 安克锰锌可湿性粉剂 1 000 倍液，或 58% 甲霜灵锰锌可湿性粉剂 500 倍液，或 77% 可杀得可湿性微粒粉剂 600 倍液，或 47 可加瑞农可湿性粉剂 800 倍液喷施。

九、苦瓜根结线虫病

（一）症状与识别

受害植株的侧根和须根比正常植株增多，在幼嫩的须根上形

图 6-1-9　苦瓜根结线虫病

成球形或不规则形瘤状物，单生或串生。瘤状物初为白色，后呈褐色或暗褐色，龟裂。受害植株地上部多在结瓜后表现症状，长势衰弱，叶片由下向上变黄、坏死，至全株萎蔫死秧（图 6-1-9）。

（二）防治方法

1. 农业防治

病害常发棚区选用穴盘基质育苗，施用不带病残体或充分腐熟的有机肥，收获后应彻底清除病根残体，深翻土壤，翻耕混匀后挖沟起垄或作畦，灌满水后盖好地膜并压实。

2. 化学防治

在移栽前，全田撒施杀线虫药剂利，能有效避免辣椒苗期受线虫为害导致死苗烂棵、生长缓慢等 。

十、苦瓜肥害

（一）症状与识别

图 6-1-10　苦瓜肥害

叶脉间出现不规则的黄白色至黄褐色斑块，叶片皱缩。苦瓜肥害多是由于施肥失误造成的，直接原因是一次施入化肥过多。春季低温干燥天气会加重病情（图 6-1-10）。

（二）防治方法

科学施肥，施肥时要掌握少量多次的原则，施肥要均匀。保护地栽培时，注意提高温度，保持土壤湿度，提高根系的吸收能力和对肥料的忍耐力。发现症状后应及时浇水缓解。

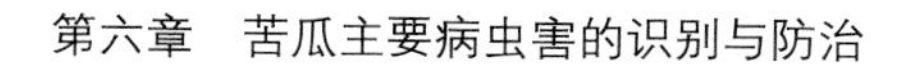

十一、苦瓜菌核病

（一）症状与识别

图 6-1-11　苦瓜菌核病

果实染病多始于残花部，初呈水渍状，后长出白色菌丝，菌丝纠结成黑色鼠粪状菌核。茎蔓染病初在病部产生褪色水渍状斑，后长出菌丝，病部以上叶、蔓萎凋枯死（图 6-11）。

（二）防治方法

1. 农业防治

（1）彻底清除棚室内病残株，深翻土壤，灌水闷棚 1 个月，可减少田间菌源；地膜覆盖，及时摘除病叶、病花、病果。

（2）种子处理。用 52℃温水浸种 30 分钟，把菌核烫死，然后移入温水中浸种。或用 10% 盐水漂洗种子 2~3 次，可除掉混杂在种子里的菌核。或用种子重量 0.4%~0.5% 的 50% 异菌脲悬浮剂进行种子包衣。

2. 化学防治

发病初期，用 50% 乙烯菌核利可湿性粉剂 600~800 倍液 + 70% 代森锰锌可湿性粉剂 600~800 倍液，或 50% 腐霉利可湿性粉剂 800~1 500 倍液 + 36% 三氯异氰尿酸可湿性粉剂 800 倍液，或 40% 菌核净可湿性粉剂 600~800 倍液喷施。

十二、苦瓜白斑病

（一）症状与识别

图 6-1-12　苦瓜白斑病

早期出现褪绿变黄的圆形小斑点，逐步扩展成近圆形或不规则形，直径 1~ 4 毫米的灰褐色至褐色病斑，边缘较明显。病斑

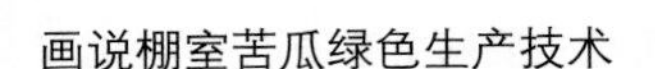

中间灰白色，多角形或不规则状，上生稀疏浅黑色霉状物，在潮湿时易看见。常常易造成病斑穿孔（图 6-1-12）。

（二）防治方法

1. 农业防治

搞好棚室清洁，清除销毁病残株，减少病源积累；施足有机肥，改良土质，增强肥力，保证苦瓜根深株壮，提高抗病力；在苦瓜第一轮结瓜时及时追肥，保证营养生长和生殖生长同时获得足够营养，追施绿芬威、百施利或绿丰素等叶面肥补充必要的微量元素，并适当疏摘侧芽，保证新芽枝叶能够叶厚色绿。

2. 化学防治

发病初期，及时喷洒 50% 多菌灵 · 万霉灵可湿性粉剂 1 000 倍液，或 50% 苯菌灵可湿性粉剂 1 500 倍液，或 50% 多 · 硫悬浮剂 600 倍液，每亩喷对好的药液 50 升，隔 10 天左右一次，连续防治 2~3 次。采收前 5 天停止用药。

十三、苦瓜白绢病

（一）症状与识别

病株外观呈凋萎状，检视茎基部及地下根部，可见患部变褐坏死，表面被白色菌索缠绕，地际土表亦可见到大量白色菌索及茶褐色菜籽粒状的菌核（图 6-1-13）。

图 6-1-13　苦瓜白绢病

（二）防治方法

1. 农业防治

收获后清除病残体，及时翻地，减少病源体；施用充分腐熟有机肥；施用石灰调节土壤酸碱度，调为中性；发现病株及时拔除销毁；利用木霉菌防治。

2. 化学防治

发病初期，在病穴及其邻近植株淋灌：5％井冈霉素水剂

1 000 倍液，或 20% 甲基立枯磷乳油 1 000 倍液，每株淋灌 0.4~0.5 升；也可用以下药剂进行防治：50% 多菌灵可湿性粉剂 800 倍液，或 50% 异菌脲可湿性粉剂 1 000~1 200 倍液，10 天左右喷 1 次，连喷 2~3 次。

十四、苦瓜炭疽病

（一）症状与识别

叶片染病，病斑较小，呈圆形至不规则形中央灰白色斑，后产生黄褐色至棕褐色圆形或不规则形病斑。茎蔓病斑成梭形或长条形，黄褐色，稍下陷，有时龟裂。果实病斑凹陷，形状不规则，生粉红色黏稠状物，后期病部形成黑色粗糙不规则形斑块。病瓜多畸形，容易开裂（图 6–1–14）。

图 6–1–14　苦瓜炭疽病

（二）防治方法

1. 农业防治

选用无病种子，带病种子必须消毒，方法为用 55℃温水浸种 15 分钟；与非瓜类作物实行 3 年以上轮作；地膜覆盖可减少病菌传播机会。施足有机肥，增施磷钾肥。

2. 化学防治

发病初期用 70% 代森锰锌可湿性粉剂 400 倍液，或 50% 炭疽福美 300~400 倍液，或 75% 肟菌 · 戊唑醇水分散粒剂 2 000~3 000 倍液，隔 7~10 天喷施 1 次，连续 3~4 次。

十五、苦瓜霜霉病

（一）症状与识别

初叶面现浅黄色小斑，后扩大，病斑受叶脉限制呈多角形或不规则形，颜色由黄色逐渐变为黄褐色至褐色，严重时病斑融合

为斑块（图 6-1-15）。

图 6-1-15　苦瓜霜霉病

（二）防治方法

1. 农业防治

选用抗病良种，施用酵素菌沤制的堆肥。

2. 化学防治

发现病株后用 72% 霜脲 · 锰锌可湿性粉剂 800 倍液，或 70% 丙森锌可湿性粉剂 280~400 倍液，80% 代森锰锌可湿性粉剂 200~400 倍液，60% 唑醚 · 代森联水分散粒剂 1 000~1 500 倍液，68% 精甲霜 · 锰锌水分散粒剂 500~600 倍液，47% 烯酰 · 唑嘧菌悬浮液 1 000~1 500 倍液喷施。

十六、苦瓜灰斑病

（一）症状与识别

主要为害叶片。叶上开始出现褪绿的小斑点，后中间形成褐色坏死斑，边缘不明显，大小 0.5~1.5 厘米（图 6-1-16）。

图 6-1-16　苦瓜灰斑病

（二）防治方法

1. 农业防治

适期播种，苦瓜喜温，温度低于 10℃，植株生长受抑，因此不宜过早。北方一般在 4 月上旬播种于棚室；选用无病种子，苦瓜种皮坚硬，发芽慢，播种前置于 56℃水中浸种，当水温降到室温后再浸 24 小时，然后置于 30~32℃条件下催芽，芽长 3 毫米即可播种；实行与非瓜类蔬菜 2 年以上轮作。

2. 化学防治

发病初期喷洒 50% 多菌灵 · 万霉灵可湿性粉剂 1 000~1 500 倍液，或 50% 混杀硫悬浮剂 500~600 倍液，隔 10 天左右 1 次，

连续防治 2~3 次。保护地可用 45% 百菌清烟剂或 30% 一熏灭烟剂熏烟，用量每亩 220~250 克或喷撒 5% 百菌清粉尘剂，每亩喷撒 1 千克，隔 7~9 天喷 1 次，视病情防治 1 次或 2 次。采收前 7 天停止用药。

十七、苦瓜化瓜

（一）症状与识别

图 6-1-17　苦瓜化瓜

瓜条较正常瓜细小，并逐渐黄化、萎缩、脱落。先开雌花，后开雄花，且花粉少，或阴雨天气、昆虫少、传粉困难，施肥不足，均可造成化瓜（图 6-1-17）。

（二）防治方法

1. 农业防治

（1）选择化瓜率低的苦瓜品种。

（2）多施底肥有机肥，保证发育所需营养，并深耕使根系发达。

（3）用人工授粉结合生长调节剂浸蘸幼瓜，克服化瓜、促瓜生长膨大。在雄花不足的期间，于每天下午在田间采摘次日能开放的雄花，存于室内，或早晨采收当日开放的雄花，于 7:00~8:00 雌花开放时，取备用的雄花授粉，授粉后的当日至第 3 日内，再用 115 生长调节剂的 100 倍液浸蘸幼瓜即可。同时适时采收可促进后期苦瓜的坐瓜。

2. 化学防治

喷施 1.4% 复硝酚钠水剂 5 000~6 000 倍液等叶面肥，补充植株生长所需营养。

十八、苦瓜黑霉病

（一）症状与识别

苦瓜链格孢黑霉病主要为害叶片和果实。叶片染病在叶缘或叶脉间产生近圆形至不规则形水渍状暗褐色病斑，湿度大时病斑扩展迅速致叶片早枯。果实染病初生水渍状略凹陷的褐色斑，边缘色深，中央灰褐色，后期病斑上生出黑色霉（图 6-1-18）。

（二）防治方法

1. 农业防治

选用无病种瓜留种；轮作倒茬；增施有机肥，提高植株抗病力，严防大水漫灌。

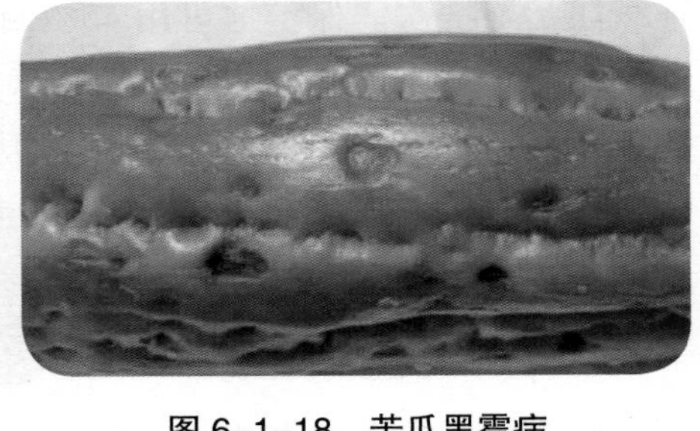

图 6-1-18 苦瓜黑霉病

2. 化学防治

发病初期，喷洒 75% 百菌清可湿性粉剂 600 倍液，或 50% 异菌脲可湿性粉剂 1 000 倍液，或 80% 代森锰锌可湿性粉剂，或 42% 代森锰锌悬浮剂 500~600 倍液喷施。

第二节 苦瓜主要虫害的识别与防治

一、瓜实蝇

（一）症状与识别

以幼虫蛀入幼瓜为害，使幼瓜畸形，并提前转色，其后腐烂变质，还散发恶臭气味（图 6-2-1）。

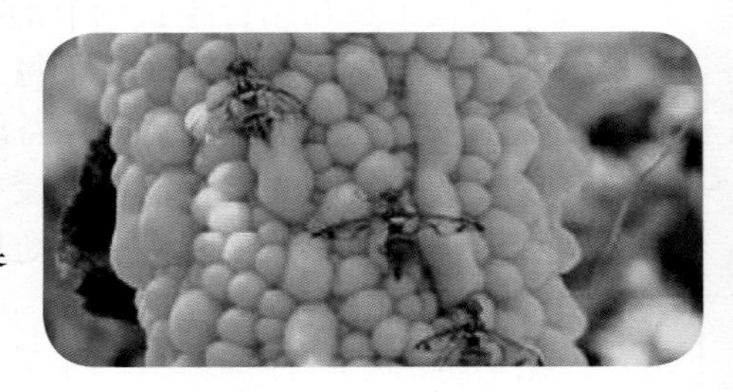

图 6-2-1 瓜实蝇

（二）防治方法

在幼瓜期，每亩用 2.5% 溴氰菊酯 3 000 倍液或 1.8% 阿维菌素 1 500 倍液喷雾防治，并及时摘除畸形果，集中园外烧毁或深埋。

二、蚜虫

（一）症状与识别

为害叶片，刺吸汁液，使植株衰弱，影响开花结瓜，还传播病毒，加重病毒病的发生和危害（图 6-2-2）。

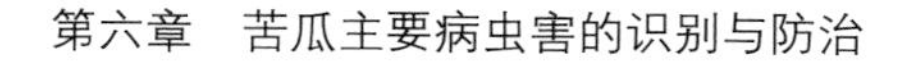

（二）防治方法

当发现叶片上有蚜虫发生为害时，每亩用 10% 吡虫啉 1 500 倍液或 5% 百树得 3 000 倍液喷雾防治。

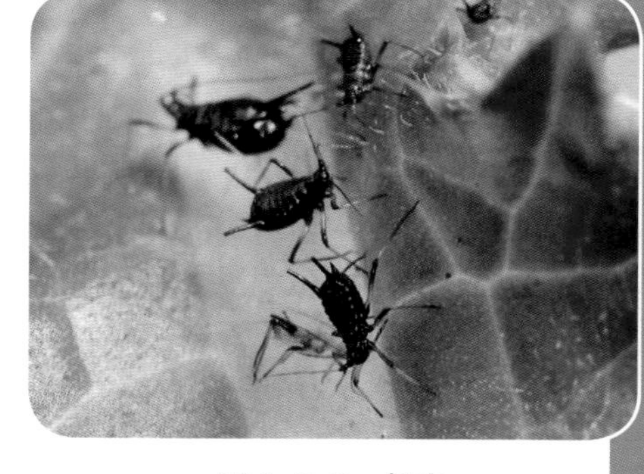

图 6-2-2　蚜虫

三、白粉虱

（一）症状与识别

棚室苦瓜生产的重要害虫，温室白粉虱主要以成虫和若虫群集在叶片背面吸食植物汁液，使叶片褪绿变黄，萎蔫甚至枯死，影响作物正常的生长发育。同时，成虫所分泌的大量蜜露堆积于叶面及果实上，引起煤污病的发生，严重影响光合作用和呼吸作用，降低作物的产量和品质。此外，该虫还能传播某些病毒病（图 6-2-3）。

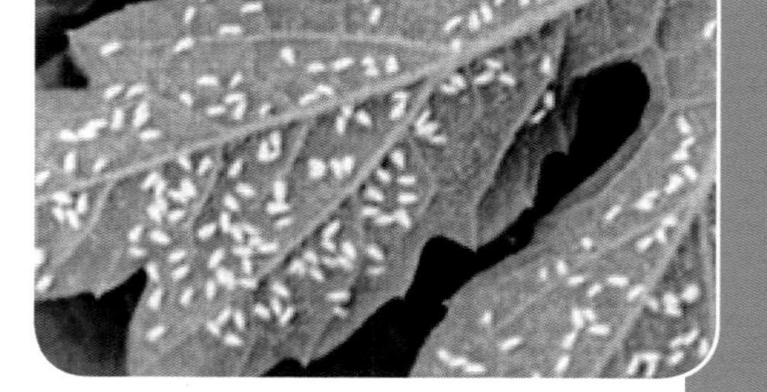

图 6-2-3　白粉虱

（二）防治方法

1. 农业防治

培育无虫苗定植前对温室进行消毒。在棚室通风口密封尼龙纱，控制外来虫源。虫害发生时，结合整枝打杈，摘除带虫老叶，携出棚外埋灭或烧毁。

2. 物理防治

利用温室白粉虱趋黄习性，在白粉虱发生初期，将涂有机油的黄色板置于棚室内，高出苦瓜植株，诱粉虱成虫。

3. 生物防治

棚室内白粉虱发生量在 0.5~1 头 / 株时，可释放丽蚜小蜂“黑蛹”，每株 3~5 头，每隔 10 天左右放 1 次，共释放 3~4 次，寄生率可达 75% 以上，控制白粉虱的效果较好。

4. 化学防治

可用10%扑虱灵乳油1 000倍液，或10%吡虫啉可湿性粉剂1 000倍液，或2.5%天王星乳油2 000倍液，或2.5%功夫乳油3 000倍液，或20%灭扫利乳油2 000倍液或40%乐果乳油1 000倍液，或80%敌敌畏乳油1 000倍液，或25%灭蜗猛乳油1 000倍液，隔5~7天喷洒1次，连续用药3~4次。

四、黄腹灯蛾

（一）症状与识别

黄腹灯蛾又叫红腹灯蛾、星白灯蛾，初孵幼虫群居叶背，啃食叶肉，留下表皮，稍大后可分散为害；大龄幼虫咬食叶片，只留主脉和叶柄（图6-2-4）。

图6-2-4　黄腹灯蛾

（二）防治方法

1. 农业防治

（1）利用黑光灯诱杀成虫。

（2）卵期及时摘除卵块或群集有初孵幼虫的叶片销毁。

2. 化学法治

在幼虫3龄前选择在早晨或傍晚害虫活动猖獗时用药。使用氯氰菊酯类农药对水均匀喷雾，如5%来福灵乳油、25%功夫乳油、2.5%敌杀死乳油2 000~3 000倍液喷雾。

五、斑须蝽

（一）症状与识别

为害特点　成虫和若虫刺吸嫩叶、嫩茎及果、穗汁液，造成落蕾落花。茎叶被害后，出现黄褐色斑点，严重时叶片卷曲，嫩茎凋萎，影响生长，减产减收。成虫椭圆形，黄褐或紫色，密被白绒毛和黑色小刻点。触角黑白相间。小盾片末端钝而光滑、黄白色（图6-2-5）。

（二）防治方法

清理菜地可消灭部分越冬成虫，人工摘除卵块。用21%增效氰马乳油4 000~6 000倍液，或2.5%溴氰菊酯3 000倍液等药剂喷雾防治。

图6-2-5　斑须蝽

六、棉铃虫

（一）症状与识别

以幼虫蛀食蕾、花、果为主，也为害嫩茎、叶和芽。花蕾受害时，苞叶张开，变成黄绿色，2~3天后脱落。幼果常被吃空或引起腐烂而脱落，成果虽然只被蛀食部分果肉，但因蛀孔在蒂部，便于雨水、病菌流入引起腐烂（图6-2-6）。

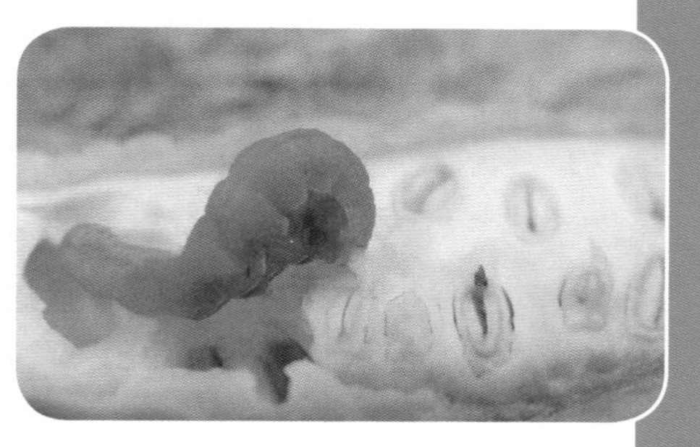

图6-2-6　棉铃虫

（二）防治方法

1. 农业防治

种植前翻耕棚地，高温闷棚，浇水淹地，减少越冬虫源。在棉铃虫产卵盛期，结合整枝，摘除虫卵烧毁。

2. 生物防治

成虫产卵高峰后3~4天，喷洒Bt乳剂、苏芸金杆菌或核型多角体病毒，使幼虫感病而死亡，连续喷2次，防效最佳。

3. 化学防治

可用2. 5%功夫乳油5 000倍液，或20%多灭威2 000~2 500倍液，或4.5%高效氯氰菊酯3 000~3 500倍液，或5%定虫隆乳油1 500倍液，或5%氟虫脲（卡死克）乳油2 000倍液喷雾。

七、茶黄螨

（一）症状与识别

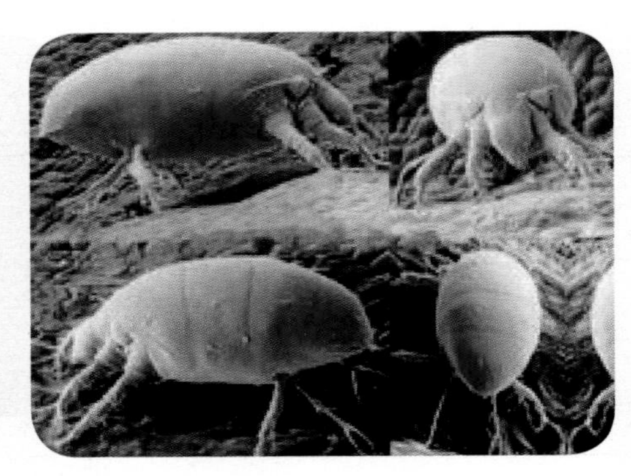

图 6-2-7　茶黄螨

茶黄螨体躯阔卵形，体分节不明显，淡黄至黄绿色，半透明有光泽。足 4 对，沿背中线有 1 白色条纹，腹部末端平截（图 6-2-7）。受茶黄螨为害后，苦瓜叶片背面呈灰褐或黄褐色，油渍状，叶片边缘向下卷曲；受害嫩茎、嫩枝变黄褐色，扭曲变形，严重时植株顶部干枯。

（二）防治方法

发生初期，可用 15% 哒螨酮乳油 3 000 倍液，或 5% 唑螨酯悬浮剂 3 000 倍液，或 10% 除尽乳油 3 000 倍液，或 1.8% 阿维菌素乳油 4 000 倍液，或 20% 灭扫利乳油 1 500 倍液，或 20% 三唑锡悬浮剂 2 000 倍等药剂喷雾。

八、瓜蓟马

（一）症状与识别

图 6-2-8　瓜蓟马

瓜蓟马体形小，又善飞跳，繁殖力强，怕光，常潜伏在叶片底部。成虫或幼虫均以锉吸式口器为害苦瓜心叶或嫩芽，被害叶形成许多细密而长形的灰白色斑纹，使叶片失去膨压而下垂，严重时叶片扭曲、变黄枯萎。蓟马还可传播植物病毒病。喷药时宜从外围包围再向中央进行，且宜重点在叶底喷药（图 6-2-8）。

（二）防治方法

用0.3%苦参碱水剂1 000倍液，或40%丙溴磷乳油800倍液，或50%乙酰甲胺磷乳油1 000倍液，或25%亚胺硫磷乳油500倍液交替每隔7天喷1次，喷药时间宜在傍晚时进行为宜。

九、美洲斑潜蝇

（一）症状与识别

成虫浅灰黑色，头部和小盾片鲜黄色，胸背板亮黑色，外顶鬃常着生在黑色区上，内顶鬃着生在黄色区或黑色区上，腹部每节黑黄相间，体侧面观黑黄色约各占一半，雌虫体比雄虫稍大（图6–2–9）。幼虫潜入叶片和叶柄蛀食叶肉组织，产生不规则的带湿黑和干褐色区域的蛇形白色虫道，破坏叶绿素，影响光合作用。受害重的叶片脱落，造成花芽、果实被灼伤，严重时造成毁苗。美洲斑潜蝇发生初期时的虫道呈不规则线状伸展，隧道逐渐加粗，虫道终端明显变宽。

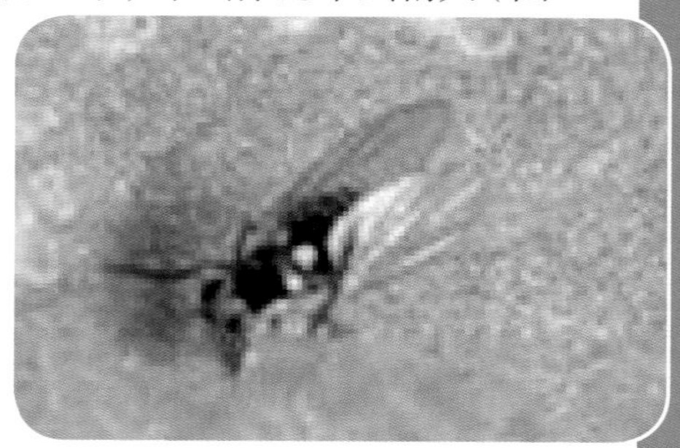

图6–2–9　美洲斑潜蝇

（二）防治方法

1. 农业防治

把斑潜蝇嗜好的瓜类、茄果类、豆类与其不为害的作物进行套种或轮作；适当疏植，增加通透性；在保护地的通风口处设置防虫网，收获后及时清洁田园，把被斑潜蝇为害作物的残体集中深埋、沤肥或烧毁。

2. 物理防治

高温闷棚，在夏季高温换茬时将棚室密闭7~10天，昼夜不开缝，使温度高达60~70℃，杀死虫源。也可采用黄板诱杀成虫，在成虫始盛期至盛末期，每亩置15~20个诱杀点，每点放置1张

黄板诱杀成虫，3~4 天更换 1 次。

3. 生物防治

科学利用天敌，释放姬小蜂、反颚茧蜂、潜叶蜂等天敌。

4. 化学防治

春季发生较轻可结合蚜虫进行兼治。7~9 月发生较重时，成虫羽化始盛期开始防治，用药时间应选择在晴天露干后至午后14：00 成虫活动盛期进行，药剂可选用 5% 卡死克乳油 2 000 倍液，或 5% 锐劲特悬浮剂 1 500 倍液等；在低龄幼虫始盛期防治，掌握在 2 龄幼虫期前（虫道 0.3~0.5 厘米）喷施，药剂则可选用50% 潜蝇灵可湿性粉剂 2 000~3 000 倍液，或 75% 潜克可湿性粉剂 5 000~8 000 倍液等喷雾防治，5~7 天防治 1 次，连续防治 2~3次。若在天敌发生高峰期用药，宜选用 1% 杀虫素 1 500 倍液或 0.6%灭虫灵乳油 1 000 倍液喷雾防治。

十、红蜘蛛

（一）症状与识别

苦瓜红蜘蛛成虫和若虫群集叶背面，刺吸植株汁液。被害处出现灰白色小点，严重时整个叶片呈灰白色，最终枯死（图 6–2–10）。

图 6–2–10　红蜘蛛

（二）防治方法

1. 生物防治

红蜘蛛的自然天敌主要有深点食螨瓢虫、束管食螨瓢虫、异色瓢虫、大、小草蛉、小花蝽、植绥螨等，对控制红蜘蛛种群数量起到良好作用。

2. 化学防治

用 10% 苯丁哒螨灵乳油 1 000 倍液或 10% 苯丁哒螨灵乳油1 000 倍液 +5.7% 甲维盐乳油 3 000 倍液混合后喷雾防治，连用 2次，间隔 7~10 天。

第七章　棚室苦瓜的采后处理、贮运加工和营销

第一节　采收及贮前处理

图 7-1-1　山东寿光孙家集街道岳寺李村适宜收获期的“新农村”苦瓜

近年来在苦瓜产区调查时发现，菜农在采收苦瓜时，盲目性和随意性较大，在一定程度上影响苦瓜的产量和品质，现将苦瓜采收标准和注意事项介绍如下。

一、采收标准

苦瓜老嫩均可食用，但一般为了保证食用品质，提高产量，应多采收中等成熟的果实。在山东寿光棚室苦瓜产区，春夏秋三季一般自开花后 14~20 天为适宜采收期，而冬季一般自开花后 30 天左右为适宜采收期。无论何季节何茬口，原则上都应及时采收，适宜采收期阶段果实的条瘤凸起比较饱满，果皮有光泽，果顶颜色开始变淡，果肉脆度好，果籽硬度适中，切分时并不费力，果籽自然地容易被刀口切开（图 7-1-1）。苦瓜不能超黄，成熟度约为七八成熟，瓜型直，无畸形、无病虫斑、无机械伤、无农药残留。过早采收，苦瓜内腔壁较硬，果面光泽度差，果肉维生素 C 含量尚处于上升阶段，产量低；但过晚采收，瓜瓤已经开始转红色（图 7-1-2），果肉维生素 C 含量开始下降，食用品质降低，贮藏期缩短，并容易在贮藏中转红开裂。

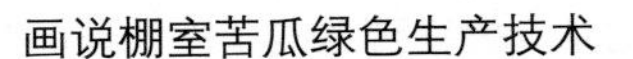

采收时苦瓜的大小与栽培品种有直接的关系，成品瓜一般用瓜长、横径、瓜重三个指标来衡量，不同品种瓜长、横径、瓜重有很大区别，习惯上，山东寿光瓜农一般将瓜长30~35厘米的苦瓜称之为中小条苦瓜，将瓜长35~40厘米的苦瓜称之为大中条苦瓜，而小于30厘米的小条苦瓜基本不种。山东寿光及其华北大部分棚室产区，苦瓜菜农偏爱种植大中型苦瓜，产量高，效益好。从全国范围看，一般商品苦瓜的瓜长在30~38厘米、横径在6~8厘米、重量在200~400克，比较受市场和收购客商欢迎（图7–1–3）。早期（头趟瓜）要求200~250克，市场最受欢迎的一等品350~400克，450克以上的则易过老或过熟，出口标准300克左右，同时要大小匀称。近年来，有些杂交苦瓜新品种的商品瓜瓜长达到35~40厘米，重量达到1 100~2 000克（图7–1–4，图7–1–5，图7–1–6），也很受瓜

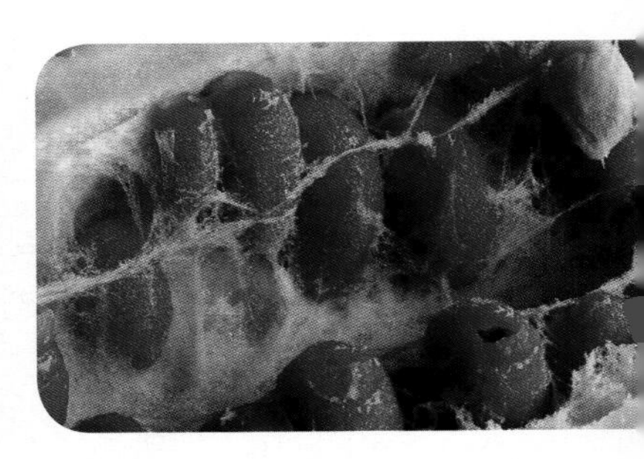

图7–1–2　过晚采收的苦瓜，瓜瓤已经开始转红色

图7–1–3　山东寿光孙家集街道一甲村种植的“绿武士”，商品瓜瓜长32厘米左右

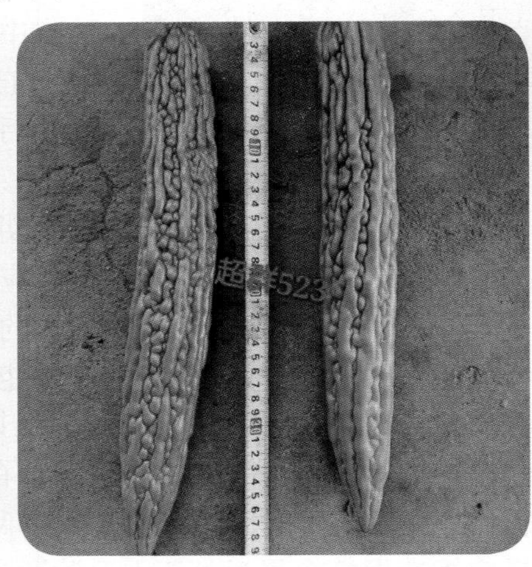

图7–1–4　山东寿光孙家集街道石门董村种植的“超群523”苦瓜，商品瓜瓜长接近40厘米

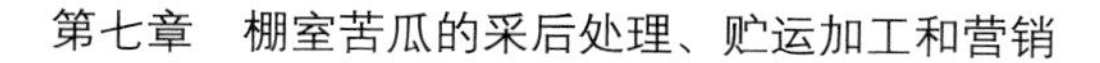

图 7–1–5　山东寿光孙家集街道达字刘村种植的“美绿 A4”苦瓜，商品瓜瓜重 1 130 克

图 7–1–6　山东寿光孙家集街道达字刘村种植的“美绿 A6”苦瓜，商品瓜瓜重 1 950 克

农和客商欢迎，因为菜农注重的首先是产量。因此，采收时的大小标准要因地制宜、也因品种而异。

二、注意事项

苦瓜的采收应考虑到苦瓜的品种特点、生长季节、采后用途、运输时间的长短及运输方式、贮藏时间的长短及贮藏方式、销售时间的长短及销售方式等。采收时主要应注意以下 7 个问题。

（一）采前控水

需要长途运输和贮藏的苦瓜，在收获前 2~3 天停止浇水，可有效增强其耐藏性，减少腐烂，延长苦瓜的采后保鲜期。

（二）安全间隔期

苦瓜生产过程中会使用一些无公害蔬菜允许使用的农药，为了消费安全，只有达到了农药安全间隔期时才可以采收，一般在采收前 5~7 天停止用药。

（三）适时采收

采收要及时，过早采收产量低，产品达不到标准，而且风味、品质和色泽也不好；过晚采收，不但赘秧，影响产量，而且产品

不耐贮藏和运输。一般就地销售的苦瓜，可以适当晚采收；长期贮藏和远距离运输的苦瓜则要适当早采收；冬天收获的苦瓜可适当晚采收，夏天收获的苦瓜要适当早采收；有冷链流通的苦瓜可适当晚采收，常温流通的苦瓜要适当早采收；市场价格较贵的冬、春季，可适当早采收。

（四）防止损伤

苦瓜采收时要轻拿轻放，防止机械损伤，尤其是苦瓜很容易造成机械伤害。机械损伤是采后贮藏、流通保鲜的大敌，机械损伤不仅可引起蔬菜呼吸代谢升高，降低抗性，降低品质，还会引起微生物的侵染，导致腐烂。

（五）避开露水。

不要在露水较大时采收，否则苦瓜难保鲜，极易引起腐烂。

（六）低温采收

尽量在一天中温度最低的清晨与上午之间、露水刚刚消失后采收，可减少苦瓜所携带的田间热，降低菜体的呼吸，有利于采后品质的保持。忌在高温、暴晒时采收。

（七）采收方法

一手托住瓜，一手用剪刀将果柄轻轻剪断，果柄留 1 厘米长左右，并拭去果皮上的污物。

苦瓜属于有呼吸跃变的瓜果，青色的瓜皮一旦颜色变浅绿，就意味着呼吸高峰已经到来，一般苦瓜青绿色时便可采收。如果瓜顶开始露出黄色，说明苦瓜已经老熟。苦瓜对乙烯十分敏感，即使有微量的乙烯存在，也会激发苦瓜迅速老熟。苦瓜皮薄，周身是棱是瘤，容易被碰伤，而受伤苦瓜会释放乙烯，促使自身及周围的苦瓜加快老熟。因此，采收时操作要格外小心，避免碰伤苦瓜，把严格挑选好的瓜条用专用纸包好，放入硬质的纸瓦楞纸箱或泡沫箱，立即运走。

第二节　苦瓜贮藏与运输

苦瓜采收后到贮运前，根据苦瓜种类及贮藏要求还要进行一系列采后处理，方能得到良好的效果，且对菜农而言，采后处理能提高销售价格，增加收入。随着人们对苦瓜营养价值和药用功效的深入认识，人们对苦瓜的需求量不断增加，苦瓜的种植区域由南方向北方扩展，栽培季节由春夏向四季栽培转变，栽培方式也由以往单一的露地栽培转向露地、大棚、温室等多种栽培方式，并且有的地区开始采用嫁接方式以提高苦瓜产量和抗病性。这些转变都为苦瓜的周年供应提供了可能性，苦瓜的贮藏保鲜也成为影响其效益的一个重要因素。

一、预贮或预冷

一般刚采摘后的苦瓜仍带有较多的田间热量，如果立即分级、包装并贮藏，会提高贮藏温度、降低贮藏效果。一般通过散热降温等措施对苦瓜进行预贮。将苦瓜采后码放在阴凉干燥处，保证通风条件良好，持续通风 1~2 天。另外，如果条件允许可采取强制通风或减压通风的方式预冷，效果较好。

二、分级包装

预处理后的苦瓜，参照标准根据瓜条大小、外观、成熟度及颜色等分级包装，剔除过大、过小、有病虫害的瓜条。一般苦瓜包装时平均每件重量不能超过 20 千克。

三、苦瓜的贮藏方法

（一）速冻贮藏

一般选择鲜嫩、无病虫害的苦瓜速冻贮藏。具体方法是先将苦瓜用清水冲洗干净，去除苦瓜内的籽、瓤，然后将苦瓜切成瓜块、瓜圈或瓜片的形状并盛放于竹篮内，于沸水中浸泡 0.5~1.0 分钟（苦瓜型状不同，浸泡时间不同），并不停搅动。浸泡结束后将苦瓜

迅速捞出，并在冷水中冷却，使瓜条温度尽快降至 5~8℃，然后捞出放入竹筐内沥干。待水基本沥干后再立即放入冷库内速冻，一般冷库内的温度应控制在 -30℃左右，使瓜条的温度保持在 -18℃最为适宜。另外，苦瓜速冻过程中翻动 2~3 次，以有效促进冰晶的形成并避免苦瓜冻成坨。速冻结束后用食品包装袋装好并封口，然后装入纸箱，放在 -18℃ 的冷库内贮存，冷库应经过彻底的清洁和消毒，一般经过速冻的苦瓜可以保存 6~8 个月。

（二）窖洞贮藏

选择地下库、地窖、防空洞等作贮藏库，须保证通风。也可将预贮后的苦瓜装箱、装筐或者堆放在货架上进行短期贮藏，温度保持在 13~15℃，相对湿度控制在 80%~90%，这样可以做到随捡随卖。

（三）冷库贮藏

先将经过预处理的苦瓜盛放于经过漂白粉洗涤和消过毒的竹筐或塑料篮中，再放入冷库中贮藏。冷库库温控制在 10~13℃，相对湿度控制在 85% 左右以保证贮存较长时间。经预冷后放入聚乙烯膜袋中，进行冷藏。不同的栽培地、不同的品种、不同的采收成熟度都影响苦瓜的贮藏温度及冷害敏感性。10~12℃能够保证质量达 10~14 天，低于 10℃有严重冷害发生，高于 13℃，苦瓜的后熟衰老迅速。苦瓜在 7.5℃贮藏 4 天升温后有轻微的凹陷斑。贮藏 12 天升温后发生严重冷害、高度腐烂和褐变。

（四）气调贮藏

有条件的可采用此方法。一般气调与冷藏配合使用，有时气调贮藏也可在常温下进行。苦瓜气调贮藏温度一般在 10~18℃，外界环境的氧气分压控制在 2%~3%，二氧化碳分压在 5% 以下最为适宜。气调贮藏是人为改变贮藏产品周围的大气组成，使氧气和二氧化碳浓度保持一定比例，以创造并维持产品所要求的气体组成。气调与冷藏即可配合进行，也可在常温下进行。气调贮藏

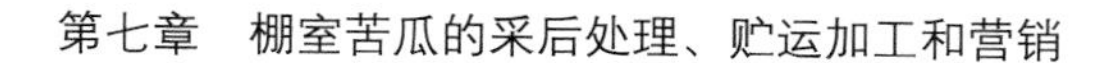

中比较简单的是薄膜封闭贮藏，其中又分为塑料帐封闭贮藏和薄膜包装袋封闭贮藏。它们均可用于运输途中，成本低，易推广。2.5% 或 5% 二氧化碳加上低氧环境中的苦瓜与非气调相比，在前两周差别不明显，在第三周气调的苦瓜则表现出比非气调苦瓜更低的腐烂、裂果和失重。苦瓜在无氧或 1% 氧气时没有呼吸上升现象，果实亦不黄化后熟。

（五）1- 米 CP 保鲜

使用毫克每千克 FK 保鲜王（1-MCP，1- 甲基环丙烯）处理苦瓜，常温贮藏第 10 天时，对照果实转黄衰老严重，部分果实发生腐烂，而 FK 保鲜王（1-MCP）处理果实转黄较轻，可见 FK 保鲜王（1-MCP）能够延缓苦瓜果实转黄，进而延缓衰老进程，减轻果实腐烂（图 7-2-1）。

图 7-2-1　1-MCP 保鲜苦瓜效果

四、包装、运输的要求

近年来，山东寿光的棚室蔬菜集中产地的苦瓜长距离运输包装以采用泡沫箱最具代表性。寿光孙家集街道的苦瓜包装精细，如岳寺李村瓜农的苦瓜包装，外包装为泡沫箱，内包装有两种类型，一种是每瓜卷上一个泡沫薄纸（图 7-2-2），另一种是每瓜套上泡沫网袋（图 7-2-3），由于每只苦瓜单果都有保护隔层，下面还放置降温用的 2~3 个冰瓶（图 7-2-4，图 7-2-5），冰瓶与苦瓜之间有柔性薄纸板相隔，大大提升了运输质量，源源不断地发往全国各地，而且泡沫箱为一次性使用，干净卫生，瓜农在电子秤旁，边包装，边过称，以达到订购客户的要求。这种苦瓜包装形式，目前在我国苦瓜棚室产区居于领先地位。

除了泡沫箱之外，孙家集街道另一种外包装是瓦楞纸箱（图 7-2-6），内包装为塑料薄膜，有的则没有，但是保鲜运输效果还是以泡沫箱加冰瓶最佳。

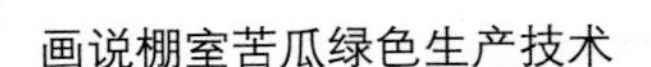

图 7-2-2　山东寿光孙家集街道岳寺李村瓜农的苦瓜包装
外包装为泡沫箱　内包装为每瓜卷一个泡沫薄纸

图 7-2-3　山东寿光孙家集街道岳寺李村瓜农的苦瓜包装
外包装为泡沫箱　内包装为每瓜一个泡沫网套

图 7-2-4　山东寿光孙家集街道岳寺李村瓜农的苦瓜包装
泡沫箱底部先放入 2~3 个冰瓶

图 7-2-5　山东寿光孙家集街道潘家村瓜农的苦瓜包装
泡沫箱底部先放入 2~3 个冰瓶

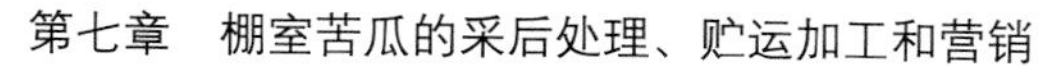

图 7–2–6　山东寿光孙家集街道东颜方村瓜农的苦瓜包装外包装为瓦楞纸箱，内包装为塑料薄膜，有的则没有

从全国范围看，我国各苦瓜产地的短距离装卸工具较为多样化，特别是从苦瓜棚室采收到向农贸市场或客户收瓜点集散这一环节，装卸工具具有各地的地方特色，呈多样化的倾向。竹筐（图 7–2–7）、竹篓（图 7–2–8）、铁皮桶（图 7–2–9）、塑料周转箱（图 7–2–10）、塑料圆抬筐（图 7–2–11）、钢筋焊架筐（图 7–2–12）、塑料条编织筐（图 7–2–13）、旧化肥袋（图 7–2–14）、塑料袋（图 7–2–15）等形式均很常见。在棚室内用以上装卸工具向棚外的农用车集中，再运往农贸市场或客户收瓜点。长途运输则将苦瓜放入泡沫箱或硬质的纸瓦楞纸箱，掌握快装快运快卸的原则，如果运输时间超过 2 天，则多向纸箱、泡沫箱或塑料袋中放入乙烯吸收剂。夏季还要向苦瓜泡沫箱内放置冰瓶。

图 7–2–7　竹筐

根据采收地与集散地或销售地的距离及气候条件等因素确定苦瓜运输和包装的具体要求。如果是随产随销或者中短途运输一般可以采取常温运输；如果外界天气较炎热或者出现连续阴雨天气，要采取遮阴遮雨设施；严冬季节要在苦瓜上铺盖棉被或者覆盖稻草等以防止出现苦瓜冻坏。另外，如果进行长途运输则应采用低温的方式进行，通常用加内衬的纸箱或者泡沫箱等作为包装，并严禁将苦瓜与释放乙烯较多的果蔬混放在一起进行长途运输。

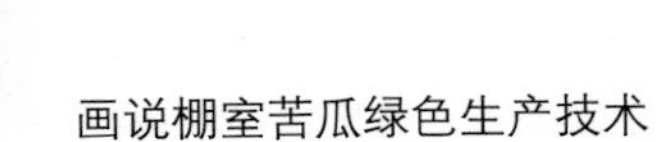

图 7-2-8　竹篓

图 7-2-9　铁皮桶

图 7-2-10　塑料周转箱

图 7-2-11　塑料圆抬筐

图 7-2-12　钢筋焊架筐

图 7-2-13　塑料条编织筐

图 7-2-14　旧化肥袋

图 7-2-15　塑料袋

运输工具主要有卡车、火车、货轮、飞机等，与国外的冷藏车、气调车相比，我国的运输车相对落后，我国南方如广东、广西、云南、海南、福建、四川、重庆等苦瓜产区，多见农用车散装、农贸小市场散堆现象（图 7-2-16），而在山东如寿光、青州、昌乐、淄博等蔬菜保护地蔬菜比较发达地区，由于棚室苦瓜售价较高，特别是冬季日光温室生产的苦瓜，经济效益好，一般采用泡沫箱包装，在钢架栅栏货车上，将泡沫箱装满为止（图 7-2-17），顶高码放大约 4.5 米，这比前几年的竹筐、柳条筐包装，是不小的进步。但从全国范围看，大车散装现象仍比较常见，从运输成

图 7-2-16　苦瓜散装、散堆现象

图 7-2-17　钢架栅栏货车上的苦瓜泡沫箱

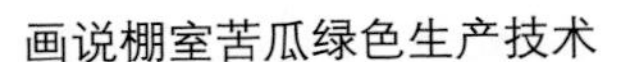

本看非常低廉，但挤压受损现象十分突出，而且卫生条件不好，运输工具原则上必须清洁、卫生、无污染。每次使用时，必须预先对运输工具的装货空间进行清扫和熏蒸消毒。货厢内要有支撑，以稳固装载，堆码不宜过高，并留有适当空间。但是必须承认，我国大部分苦瓜产区的苦瓜装卸与贮运技术还相对落后，不少产地运输车辆的散装现象目前也依然比较普遍，只不过是略加码放而已（图7-2-18），筐箱插放（图7-2-19）与略加码放（图7-2-20）固然好于无序散堆，但仍属于管理粗放的运输方式,应该注意改进。运输时，应做到轻装、轻卸，严防机械损伤。短途运输时，严防日晒、雨淋；长途运输时，在装运之前宜将温度预冷到9~12℃。运输过程中温度宜保持在10~14℃。在冬季运输或在寒冷地区运输，可用保温

图7-2-18　运输车辆上略加码放的散装现象

图7-2-19　筐箱插放　　图7-2-20　略加码放的车厢内苦瓜

车或保温集装箱，在夏季运输时，用冷藏车或冷藏集装箱，没有冷藏设备的，运输距离不宜过长。运输过程中货箱内的空气相对湿度应维持在 90 %~95 %。

冬季运输要注意覆盖棉被等进行保温。夏季运输外界温度高时，内包装最好采用纸袋，透气性好，不易腐烂；如果内包装采用塑料袋时，需用冷藏车运输。目前看泡沫箱加冰瓶保鲜是夏季苦瓜运输的比较简易有效的方式。运输过程中车速不宜过快，尽量不要急刹车，以免果实相互摩擦，损伤表皮。

参考文献

崔健，张淑霞，宋云云，等 . 2008. 寿光地区日光温室黄瓜套种苦瓜栽培技术 [J]. 上海蔬菜 (2) : 52~53.

胡永军，国家进 .2011. 日光温室秋冬茬苦瓜密植高产栽培技术 [J]. 农业科技通讯 (9)：176~178.

李金堂 . 2011. 丝瓜苦瓜西葫芦病虫害防治图谱 [M]. 济南：山东科学技术出版社 .

潘子龙，张勇，张鼎亮，等 .1997. 日光温室苦瓜的栽培及间套作 [J]. 中国蔬菜 (6) : 46~47.

杨盛孝，张锡玉，魏志杰 . 2002. 苦瓜越冬密植丰产栽培技术 [J]. 蔬菜 (5) : 7~8

张长远，罗少波，陈清华 . 2005. 我国苦瓜品种市场需求的变化趋势 [J]. 中国蔬菜 (9) : 44~45.

张德珍，郭洁，王欣英，等 . 2011. 大棚苦瓜栽培答疑 · 王乐义大棚菜栽培答疑丛书 [M]. 济南：山东科学技术出版社 .

张慧 . 2014. 山东寿光冬季日光温室苦瓜高产实用栽培技术 [J]. 现代农业 (12) : 11~12.

朱永春 . 2010. 寿光日光温室衬盖内二膜苦瓜周年生产效益显著 [J]. 中国蔬菜 (15) : 41–43.

朱振华 .2014. 棚室建造及保护地蔬菜生产实用技术 [M]. 北京：中国农业科学技术出版社 .